*Microbios y cáncer*

RAÚL RIVAS GONZÁLEZ

# Microbios y cáncer

### Bacterias, virus, hongos
### y su conexión con los tumores

GUADALMAZÁN

© Raúl Rivas González, 2024
© Talenbook, s. l., 2024

Primera edición: junio de 2024

Guadalmazán • Colección Divulgación Científica
Director editorial: Antonio Cuesta
Edición de Rebeca Rueda

www.editorialalmuzara.com
pedidos@almuzaralibros.com - info@almuzaralibros.com

Talenbook, s. l.
c/ Cervantes 26 • 28014 • Madrid

Imprime: Liberdúplex
ISBN: 978-84-19414-30-4
Depósito legal: M-11439-2024
Hecho e impreso en España - *Made and printed in Spain*

*A mis cuñados, Fran y Carlos, de mil amores.*

# Índice

# Presentación

«Me llamo Legión, pues somos muchos».

Marcos 5:9.

El cáncer no es una sola enfermedad, sino muchas, causadas por el crecimiento sin control de una única célula. En eso, recuerda a las dictaduras, a las presentes y a las pasadas, a las de «Me cago en la mar» o a las que juran ser pan bendito, mientras enarbolan una miríada de pretextos. Es natural que levante la mano quien no ha viajado nunca en el tren de las excusas. Yo mismo poseo un amplio surtido, nada especial, aunque alguna vez he soltado tres, al precio de dos. En este caso, excuso decir que el meollo del asunto bien merece el esfuerzo de seguir leyendo.

En la literatura del siglo XVIII, el cáncer era asociado con un exceso emocional y, en muchas ocasiones, acabó siendo empleado como metáfora de los peligros de sentir con sobrada intensidad o durante demasiado tiempo. Después, la disposición cambió, y quedó claro que el cáncer tiene poco de esa tesitura y que, en realidad, es una faena de las que empiezan con *p*.

Argumentos literarios hay muchos, más que sombrillas en Benidorm, pero algunos, en varias obras influyentes del siglo XX, han girado en torno a la enfermedad. Sin ir más lejos, en *El pabellón del cáncer*, del autor ruso Aleksandr Solzhenitsyn, Pável Nikolaievich Rusánov descubre que tiene un tumor en el cuello. La espléndida novela cuenta la historia de un pequeño grupo de pacientes ingresados en el pabellón trece, la sala de cáncer de un hospital en Tashkent, en el Uzbekistán soviético de 1954, un año después de la muerte de Joseph Stalin. Los enfermos son víctimas del cáncer y de la segregación impuesta, en los años cincuenta, por el totalitarismo de la Unión Soviética. La narración explora la responsabilidad ética de los implicados en la Gran Purga de Stalin (1936-1938), gestores del exilio o de los asesinatos de millones de personas —muchas, enviadas a gulags atroces—, y reflexiona sobre el daño, moral y físico, que acarrea el cáncer, en analogía con el estalinismo.

Hay dos categorías principales de cáncer: los hematológicos, que afectan a las células sanguíneas y comprenden la leucemia, el linfoma y el mieloma múltiple, y los cánceres de tumores sólidos, que aparecen en cualquiera de los otros órganos o tejidos del cuerpo, siendo los más comunes los de mama, próstata, pulmón y colorrectales. A nivel mundial, las estimaciones, que, por cierto, son estremecedoras, aluden a que en el año 2020 acontecieron 19,3 millones de nuevos casos de cáncer y casi 10 millones de muertes. En ese momento, el cáncer de pulmón siguió siendo la principal causa de mortalidad por cáncer, pero el de mama fue el cáncer diagnosticado con mayor frecuencia.

Las primeras representaciones pictóricas del cáncer de mama están fechadas en el siglo XVI y corresponden a *La noche*, de Michele di Ridolfo del Ghirlandaio (1503-1577), y a *La alegoría de la fortaleza*, pintada por Maso di San Friano (1531-1571). *La noche* es una transposición al óleo sobre tabla de la estatua homónima, tallada en mármol y esculpida por Michelangelo Buonarroti, el archiconocido Miguel Ángel, y muestra una joven con una neoplasia maligna en la región central de la mama izquierda, con retracción progresiva del pezón.

Por desgracia, hoy la carga del cáncer continúa creciendo en todo el mundo, ejerciendo una enorme presión física, emocional y financiera sobre las personas, las familias, las comunidades y los sistemas de salud. Según la Organización Mundial de la Salud (OMS), en 112 de 183 países, el cáncer es la primera o segunda causa de muerte antes de los 70 años, y ocupa el tercer o cuarto lugar en otros 23 Estados.

Muchas estructuras sanitarias en países de ingresos bajos y medianos están menos preparadas para manejar esta embestida, y un gran número de pacientes con cáncer no tienen acceso a diagnósticos y métodos oportunos y de calidad. En países donde los sistemas de salud son sólidos, las tasas de supervivencia de muchos tipos de cáncer están mejorando, gracias a la detección temprana accesible, los tratamientos competentes y la atención continuada a los pacientes.

*Retrato de una joven mujer* o *La Fornarina* (1518-1519), de Rafael Sanzio. Numerosos críticos y maestros del arte sostienen que el pintor renacentista también fue pionero en representar el cáncer mamario en el pecho ligeramente hundido de la modelo, Marguerita Luti, musa y amante del artista italiano.

Por supuesto, la biografía del cáncer tiene el potencial de mejorar nuestra comprensión de la prevención, etiología, patogenia y tratamiento de la enfermedad. No obstante, es probable que no sea suficiente, porque una evaluación cronológica de los antecedentes relacionados con la aparición de cáncer en restos fósiles, animales y humanos tempranos, demuestra que es un mal arcaico, enraizado en las entrañas mismas de la historia de la humanidad. Pues sí, de patología moderna tiene lo justo. O sea, nada, porque existen evidencias de que, decenas de miles de años atrás, nuestros antepasados ya sufrían cáncer. Ahorro pormenores, para no aburrir, pero aviso de que el cráneo Stetten II, perteneciente al registro fósil del hombre de Neandertal en Europa, presenta una lesión neoplásica, relacionada posiblemente con un meningioma.

¿A cuento de qué?, se preguntará. Pues las células cancerosas surgen debido a múltiples cambios genéticos. Estas alteraciones pueden tener muchas causas posibles, entre las que destacan los hábitos del estilo de vida, la genética heredada o la exposición a agentes ambientales físicos, químicos o biológicos, como son los microorganismos.

La relación entre microorganismos y cáncer es más conocida que la salsa boloñesa. El chismorreo comenzó hace siglo y pico, en 1911. Por entonces, el patólogo estadounidense Peyton Rous, que ejercía en el Instituto Rockefeller de Investigación Médica de Nueva York, comunicó el aislamiento de un «agente filtrable», llamado más tarde «virus del sarcoma de Rous» (RSV), a partir de un sarcoma en el músculo de la pechuga de una gallina *Plymouth Rock*. El RSV reveló por primera vez el papel causal de los microbios en el cáncer.

Aunque el RSV fue el primer virus aislado de un tumor sólido que podía transmitir cáncer cuando era inoculado en serie a otros pollos, a decir verdad —¡shhh!, guarde la confidencia, y que desaparezca el jamón ibérico si miento—, no fue el primer microbio aislado de una neoplasia. Al parecer, ese honor corresponde a los daneses Vilhelm Ellerman y Oluf Bang, porque, en 1908, demostraron que las suspensiones celulares y los filtrados libres de células de tejidos de un pollo con mieloblastosis producían una enfermedad similar en las aves receptoras. Décadas más tarde, abierto de una vez por todas el baile, fueron establecidas otras parejas sorprendentes e inesperadas, como el virus de Epstein-Barr y el linfoma de Burkitt; el virus de la hepatitis B y el cáncer de hígado, o el virus del papiloma y el cáncer de cuello uterino.

En ocasiones, no hay un origen obvio, pero, globalmente, aproximadamente el 13 % de los cánceres diagnosticados en el año 2018 fueron atribuidos a infecciones cancerígenas, incluidas la bacteria *Helicobacter pylori*, el virus del papiloma humano (VPH), el virus de la hepatitis B, el virus de la hepatitis C y el virus de Epstein-Barr.

En el año 2000, Douglas Hanahan y Robert Weinberg publicaron un artículo en el que describían las características distintivas del cáncer, conceptualizando seis reglas básicas que orquestan la transformación, en varios pasos, de las células normales en células malignas. Veinte años después, aquellos seis sellos distintivos fueron ampliados a catorce, con la incorporación, a última hora, de los microbios polimórficos.

La inclusión de microbios polimórficos refleja una apreciación, cada vez mayor, de que los ecosistemas microbianos complejos, que incluyen bacterias, hongos, virus y parásitos, asociados al cuerpo humano, ya sea actuando como patógenos, comensales o mutualistas, tienen un profundo impacto en la patogénesis del cáncer.

Y así seguimos, ensanchando el cometido que desempeñan diferentes microorganismos en los procesos tumorales, incluida la alteración de la respuesta inmunitaria, la inflamación que promueve el tumor, la inestabilidad genómica, el daño al ADN, la angiogénesis, la producción de metabolitos procarcinogénicos y el crecimiento y la proliferación tumoral.

Aun en penumbra, el enemigo es vislumbrado mejor cuando es conocido, y por ello este libro destripa, página tras página, el nexo incestuoso que mantienen los microbios y el cáncer, describiendo un rosario, cuenta arriba, cuenta abajo, de algunos ejemplos peliagudos. Advierto que, si ha llegado hasta aquí, no queda otra que alzar la guardia, noquear al dispositivo móvil y encontrar acomodo porque, tras el siguiente punto y aparte, empezamos.

# EL MITO DE PROMETEO

Era un tiempo en el que existían los dioses, pero no las especies mortales. Cuando a estas les llegó, marcado por el destino, el tiempo de la génesis, los dioses las modelaron en las entrañas de la tierra, mezclando tierra, fuego y cuantas materias se combinan con fuego y tierra. Cuando se disponían a sacarlas a la luz, mandaron a Prometeo y Epimeteo que las revistiesen de facultades distribuyéndolas convenientemente entre ellas. Epimeteo pidió a Prometeo que le permitiese a él hacer la distribución: «Una vez que yo haya hecho la distribución —dijo—, tú la supervisas».

El párrafo que abre este capítulo es un fragmento perteneciente al mito de Prometeo, narrativa mitológica incluida en *Protágoras*, uno de los diálogos de juventud de Platón. El texto relata un diálogo entre Sócrates y el sofista Protágoras, que gira en torno a la pregunta de qué es la virtud y si esta es, o no, enseñable. En el debate, Protágoras emplea el mito de Prometeo para explicar su punto de vista. Según Hesíodo (siglo VIII a. C.) y Esquilo (siglo V a. C.), Prometeo era una criatura mítica gigantesca, un titán, hermano de Atlas, que inició a la humanidad en las artes y en las ciencias, y preparó el nacimiento de la civilización. Tanto esmero ponía Prometeo a la empresa que terminó por pasarse de la raya. Envalentonado, y a sabiendas de que podía liar un buen jaleo, robó el arte del fuego del taller de Hefesto y lo devolvió a la humanidad. La hazaña tuvo consecuencias. Al conocer la noticia, Zeus bufó más que un transatlántico entrando a puerto y, vengativo, ordenó crear a Pandora, que, en un día chungo, liberó a todos los males y desgracias que la humanidad podía sufrir. No contento con la perrería hecha a los humanos, Zeus, que al parecer era un poquito rencoroso, rumió un escarmiento aún mayor para Prometeo, decretando que fuera encadenado a una roca en las montañas del Cáucaso y que todos los días, incluidos festivos y puentes no lectivos, fuera visitado por un águila que comería parte de su hígado. Prometeo era inmortal y cada noche el hígado del titán volvía a crecer. Puntual, el águila torturadora regresaba cada jornada a manducar, lo que significaba que Prometeo

*Prometeo lleva el fuego a la humanidad* (1817), Heinrich Friedrich Füger.

debía soportar el castigo por la eternidad. Por fortuna, Heracles, camino del jardín de las Hespérides, pasó por el lugar de cautiverio de Prometeo y, conmovido por el sufrimiento del titán, mató al águila de un flechazo y liberó al prisionero. En agradecimiento, Prometeo reveló a Heracles el modo de obtener las manzanas doradas de las Hespérides.

Los científicos involucrados en el ámbito de la medicina regenerativa están fascinados con la historia de Prometeo. ¿Sabían los antiguos griegos algo acerca de la asombrosa capacidad regenerativa del hígado? En realidad, el hígado es el único órgano sólido que utiliza mecanismos regenerativos para garantizar que la relación hígado-peso corporal esté siempre al 100 % de lo requerido para la homeostasis.

La regeneración del hígado, a partir de una lesión aguda, siempre es beneficiosa y el órgano puede volver a crecer hasta su tamaño normal, incluso después de la resección del 90 % del volumen hepático. Por desgracia, la pérdida de hepatocitos, que puede ocurrir en enfermedades hepáticas crónicas de cualquier etiología, a menudo tiene consecuencias adversas, que incluyen fibrosis, cirrosis y neoplasia hepática. Los cambios en la dieta, la infección viral por los virus de la hepatitis B y/o C y la cirrosis son factores predisponentes para el daño de los hepatocitos y la disfunción hepática. De hecho, después de la infección por el virus de la hepatitis B, las células inmunitarias activadas atacan a los hepatocitos infectados, lo que provoca una gran destrucción del hígado. Los hepatocitos son las células del hígado más comunes, y las que desempeñan la mayoría de las funciones de este órgano. La forma más frecuente de cáncer de hígado comienza en los hepatocitos y es denominado «carcinoma hepatocelular».

Aunque el consumo excesivo de alcohol y las condiciones relacionadas del síndrome metabólico, la diabetes tipo 2, la obesidad y la enfermedad del hígado graso no alcohólico son causas significativas de cáncer primario de hígado, las infecciones por los virus de la hepatitis B y C constituyen los factores de riesgo exógenos más importantes para el desarrollo de cáncer primario de hígado.

Los virus de la hepatitis B y C pertenecen a géneros diferentes. El primero es un virus de ADN incluido en el género

*Orthohepadnavirus*, y el segundo es un virus de ARN perteneciente al género *Hepacivirus*. Ambos causan daño hepático persistente y respuestas regenerativas que pueden progresar a cirrosis hepática y carcinoma hepatocelular. La infección por el virus de la hepatitis B (VHB) es el factor de riesgo más destacado para desarrollar carcinoma hepatocelular, representando el 50 % de los casos.

El virus de la hepatitis B se puede transmitir en la sangre, el semen u otros fluidos corporales. La infección puede pasar de madre a hijo durante el parto, a través del contacto sexual o al compartir las agujas empleadas en la inyección de drogas. El virus de la hepatitis C puede ser transmitido por la sangre, compartiendo agujas empleadas en la inyección de drogas o, con menos frecuencia, a través del contacto sexual. En el pasado, también fue habitual el contagio durante transfusiones de sangre o trasplantes de órganos. En el año 1983, el actor estadounidense Danny Kaye, muy popular en las décadas de 1940, 1950 y 1960, contrajo hepatitis C a través de una transfusión de sangre, mientras era sometido, en el Centro Médico Cedars-Sinai de Los Ángeles, a una cuádruple cirugía baipás de corazón.

Los procedimientos generalizados de transfusión de sangre no fueron totalmente aceptados hasta la Segunda Guerra Mundial. Poco tiempo después, comenzaron a ser reportados casos de hepatitis postransfusional en la literatura médica. En 1965 fue identificado el virus de la hepatitis B, y en 1973 fue identificado el virus de la hepatitis A. El descubrimiento de los virus de la hepatitis A y B, junto con el cambio en el sistema de donación de sangre, que pasó de donantes de sangre pagados a voluntarios, facilitaron que los casos de hepatitis postransfusional descendieran drásticamente del 33 % al 6 %. A pesar de ello, continuaron ocurriendo casos de hepatitis postransfusional que no fueron causados por el VHA o el VHB, los llamados «casos de hepatitis no A no B». En 1989 fue identificado y caracterizado el agente viral responsable de la hepatitis no A no B. Fue bautizado como «virus de la hepatitis C». El Premio Nobel de Medicina o Fisiología del año 2020 fue otorgado conjuntamente a Harvey J. Alter, Michael Houghton y Charles M. Rice por el descubrimiento del virus de la hepatitis C.

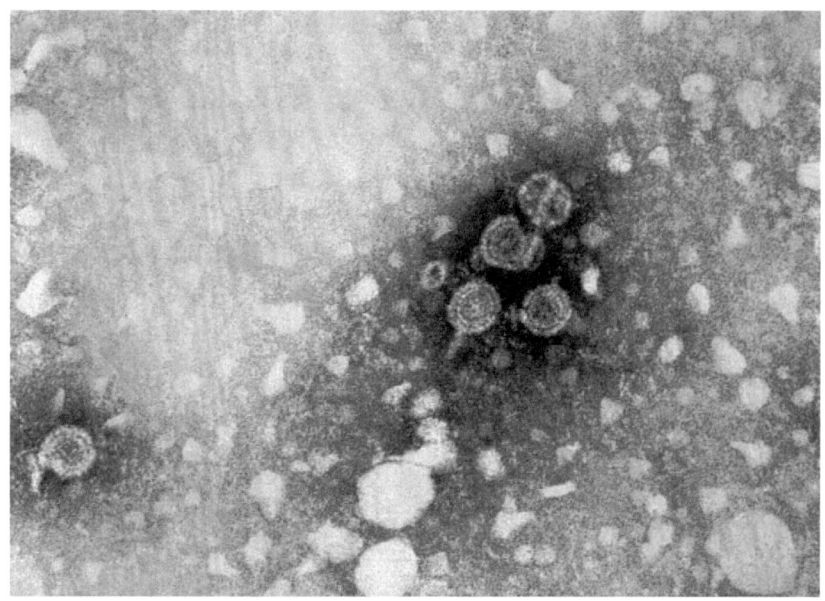

Micrografía electrónica de viriones de hepatitis B, también conocidos como «partículas de Dane». La partícula Dane (virión completo de la hepatitis B) fue identificada en el año 1970 por la doctora D. C. Dane y su equipo (Centers for Disease Control and Prevention's Public Health Image Library, PHIL).

Hoy en día, los bancos de sangre analizan toda la sangre donada para detectar la presencia del virus de la hepatitis C, lo que reduce en gran medida el riesgo de contraer el patógeno a través de transfusiones de sangre. Por suerte, el riesgo atribuido a la infección por el virus de la hepatitis C ha disminuido sustancialmente en los últimos años, debido a que muchos pacientes han logrado una respuesta virológica sostenida, gracias al tratamiento con fármacos antivirales.

La hepatitis C es tratada con antivirales de acción directa (AAD) pangenotípicos para todos los adultos, adolescentes y niños menores de tres años con infección crónica. Los AAD pueden curar a la mayoría de las personas con infección por el virus de la hepatitis C, y la duración del tratamiento es corta, generalmente de doce a veinticuatro semanas, dependiendo de la ausencia o presencia de cirrosis. El régimen de AAD pangenotípico más utilizado y de bajo costo es sofosbuvir y daclatasvir. En muchos países de ingresos bajos y medianos, el curso del tratamiento curativo está disponible por menos de cincuenta dólares.

Desafortunadamente, no existe una vacuna eficaz para el virus de la hepatitis C, y la prevención depende de reducir el riesgo de exposición al patógeno en los entornos de atención médica y en las poblaciones de mayor riesgo. Esto incluye a las personas que consumen drogas inyectables y a los hombres que tienen relaciones homosexuales; en particular, a los infectados por el VIH o a los que están tomando profilaxis previa a la exposición contra el VIH. La infección crónica por el virus de la hepatitis C es la principal causa de cáncer de hígado en América del Norte, Europa y Japón. En el año 2004, el famoso cantante y compositor Ray Charles, pionero de la música soul, murió de insuficiencia hepática causada principalmente por una infección con el virus de la hepatitis C.

La prevalencia del virus de la hepatitis C es de alrededor del 10 al 15 % entre los egipcios. Es considerada la más alta del mundo, y el genotipo 4 representa el 92 % de las infecciones egipcias por el virus de la hepatitis C. La alta prevalencia del virus entre los egipcios puede ser explicada por la aplicación masiva, durante la segunda mitad anterior del siglo XX, de una terapia antiesquistosómica parenteral, que era aplicada mediante inyección intramuscular con una jeringa no desechable.

A nivel mundial, 71 millones de personas están crónicamente infectadas por el virus de la hepatitis C y, en todo el mundo, 296 millones de personas viven con infección crónica por hepatitis B, lo que resulta en más de 820.000 muertes anuales por cirrosis hepática y carcinoma hepatocelular. Si bien existe una vacuna profiláctica para prevenir la infección por el virus de la hepatitis B, actualmente no existe una cura para los pacientes con hepatitis B crónica. Las vacunas frente a la hepatitis B son vacunas inactivadas, no contienen ni virus vivos ni material genético que pueda producir la enfermedad. La vacunación universal de todos los recién nacidos y adolescentes es la medida más eficaz para prevenir la infección por el virus de la hepatitis B y, por tanto, un método para prevenir uno de los tipos de cáncer de hígado. Para estar completamente protegido es necesario recibir tres dosis de la vacuna, que es administrada de forma intramuscular en el brazo.

El virus de la hepatitis B es un carcinógeno de clase I y la infección crónica conlleva un riesgo de por vida del 10 al 25 % de desarrollar carcinoma hepatocelular, directamente a través de la integración del ADN del virus en el genoma del hepatocito huésped y la activación de genes que promueven el desarrollo del cáncer, e indirectamente a través de la activación inmunológica, lo que lleva a una lesión hepatocelular inflamatoria, fibrogénesis y regeneración de hepatocitos. La infección crónica por VHB es la principal causa de cáncer de hígado en Asia y África.

Fotografía del cantante y compositor Ray Charles. En el año 2003, Ray fue diagnosticado con hepatopatía alcohólica y hepatitis C. El músico murió de insuficiencia hepática el 10 de junio de 2004, a los 73 años.

Globalmente, según la Agencia Internacional para la Investigación del Cáncer de la Organización Mundial de la Salud, en el año 2018 el carcinoma hepatocelular ocupó el sexto lugar en incidencia de cáncer, pero el segundo en número estimado de muertes por cáncer. Por desgracia, el cáncer de hígado sigue siendo un desafío de salud global y su incidencia está creciendo en todo el mundo. El carcinoma hepatocelular es la forma más común de cáncer de hígado, al representar el 90 % de los casos. Las previsiones estiman que la cantidad de nuevos casos de cáncer de hígado por año aumentará en un 55 % entre los años 2020 y 2040, y que el número de personas afectadas puede alcanzar la cifra de 1,4 millones, rondando el número de muertes un guarismo cercado al de 1,3 millones de fallecidos por año.

El riesgo de desarrollar carcinoma hepatocelular está estrechamente asociado con una infección persistente del virus de la hepatitis B. El riesgo de infección crónica está relacionado con la edad de la infección. Alrededor del 90 % de los bebés con hepatitis B desarrollan una infección crónica, mientras que solo entre el 2 % y el 6 % de las personas que contraen hepatitis B en la edad adulta se infectan de forma crónica.

Por lo general, hay un lapso temporal de 30 a 40 años entre el inicio de la infección y el desarrollo del cáncer. La OMS recomienda el uso de tratamientos orales, como tenofovir o entecavir, para suprimir la infección crónica por el virus de la hepatitis B. La mayoría de las personas que comienzan el tratamiento contra la hepatitis B deben continuarlo de por vida. La mejor manera de prevenir la infección crónica es la vacunación temprana. La vacuna contra la hepatitis B, desarrollada por primera vez en la década de 1970, es, por tanto, la primera vacuna que previene el cáncer, porque, cuando es administrada con el programa de vacunación completo, es muy eficaz para prevenir la transmisión vertical de la hepatitis B, la cirrosis hepática y el carcinoma hepatocelular.

En consecuencia, la vacunación contra la hepatitis B sigue siendo la piedra angular de la política de salud pública para prevenir el carcinoma hepatocelular, y un componente de la respuesta global de eliminación de la hepatitis B. Las valoraciones globales estiman que la vacuna contra la hepatitis B prevendrá 38 millones de muertes a lo largo de la vida de personas nacidas entre los años 2000 y 2030, en 98 países de ingresos bajos y medianos. Además, entre los años 2001 y 2020, las vacunas contra la hepatitis B ahorraron aproximadamente 49.000 millones de dólares en costos relacionados con la enfermedad y 81.000 millones de dólares en valores económicos y sociales totales en 73 países de ingresos bajos y medios. En base a todo esto, la OMS ha fijado un objetivo de vacunación del 90 % de la población para lograr la eliminación de la hepatitis B en el año 2030.

En el caso de estar infectado por el virus de la hepatitis B, es importante adoptar un estilo de vida saludable, para evitar que la enfermedad se agrave. Eluda beber alcohol y consumir drogas. Descanse lo suficiente, coma alimentos saludables acompañados de muchas verduras y frutas, y haga ejercicio. Hágase chequeos regulares para monitorear la cantidad de virus en su organismo y la condición de su hígado. Siga las recomendaciones de tratamiento de los especialistas sanitarios y consulte a su médico acerca de cualquier medicamento de venta libre, como el paracetamol, que pueda dañar el hígado.

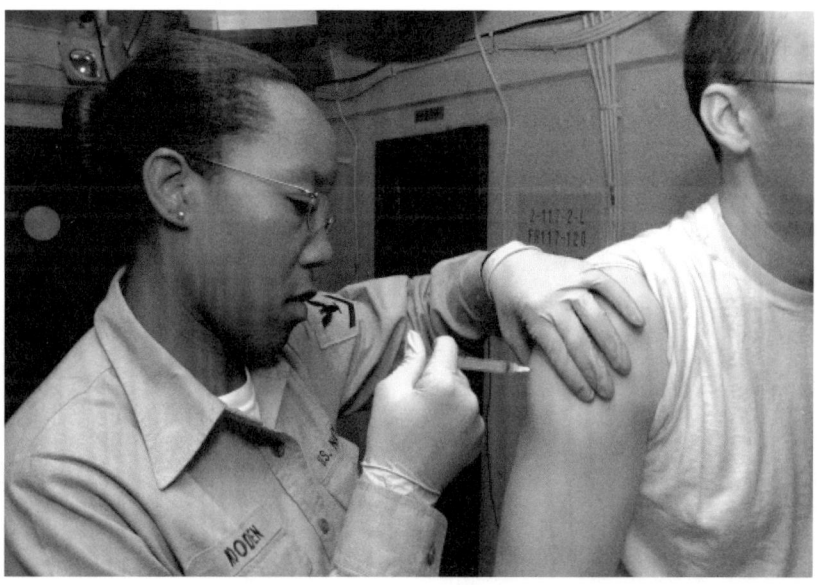

Administración de una vacuna contra la hepatitis B.

## 📖 PARA LEER MÁS:

BUKH, Jens (2016). «The history of hepatitis C virus (HCV): Basic research reveals unique features in phylogeny, evolution and the viral life cycle with new perspectives for epidemic control». *Journal of Hepatology* 65: S2-S21.

CUI, Fuqiang (2023). «Global reporting of progress towards elimination of hepatitis B and hepatitis C». *The Lancet Gastroenterology & Hepatology* S2468-1253(22)00386-7.

FUJITA, Masashi (2022). «Proteo-genomic characterization of virus associated liver cancers reveals potential subtypes and therapeutic targets». *Nature Communications* 13: 6481.

GANESAN, Previn (2023). «Hepatocellular Carcinoma: New Developments». *Clinics in Liver Disease* 27 (1): 85-102.

LI, Weiping (2020). «Cell Plasticity in Liver Regeneration». *Trends in Cell Biology* 30 (4): P329-338.

LLOVET, Josep (2021). «Hepatocellular carcinoma». *Nature Reviews* 7: 6.

MUSTAFAYEV, Khalis (2022). «Hepatitis B virus and hepatitis C virus reactivation in cancer patients receiving novel anticancer therapies». *Clinical Microbiology and Infection* 28: 1321-1327.

RUMGAY, Harriet (2022). «Global burden of primary liver cancer in 2020 and predictions to 2040». *Journal of Hepatology* 77: 1598-1606.

WANGENSTEEN, Kirk (2021). «Multiple roles for hepatitis B and C viruses and the host in the development of hepatocellular carcinoma». *Hepatology* 73: 27-37.

# BÉSAME MUCHO

«Bésame. Bésame mucho. Como si fuera esta noche la última vez». El estribillo pertenece a la canción *Bésame mucho*, un pelotazo musical morrocotudo. *Bésame mucho*, escrita en 1932 y estrenada en 1940 por la pianista y compositora mexicana Consuelito Velázquez, ha sido tarareada por el morro de millones de personas, e interpretada en boca de monstruos inmortales como Sara Montiel, Luis Miguel, Richard Clayderman o The Beatles. La letra de la canción, inspirada, quizás, en las idas y venidas de las parejas separadas por la guerra, condensa erotismo y pasión, atisba el miedo a la pérdida e insinúa el carácter efímero de los besos. Adoro los besos. Grandes o chiquitos. Densos o livianos. Caídos del cielo o trabajados a pico y pala.

El beso más largo, recogido por el *Libro Guinness de los récords*, duró 58 horas, 35 minutos y 58 segundos, y fue logrado por Ekkachai Tiranarat y Laksana Tiranarat, en febrero de 2013, en Tailandia. Besar quema calorías, refuerza el sistema inmunitario, mejora la autoestima, fortifica el apego, libera neurotransmisores y, en general, aumenta el bienestar físico y mental, pero facilita la transmisión del virus Epstein-Barr (VEB).

El virus de Epstein-Barr (VEB), también conocido como el virus del herpes humano 4, es un miembro de la familia de los virus del herpes y fue descubierto en 1964, por casualidad, en cultivos celulares que provenían de muestras de un linfoma de Burkitt africano, por la viróloga irlandesa Yvonne Barr, el patólogo Bert Achong (nacido en Trinidad y Tobago) y el patólogo británico *sir* Michael Anthony Epstein. El virus de Epstein-Barr es considerado el primer virus descubierto asociado a un tumor humano.

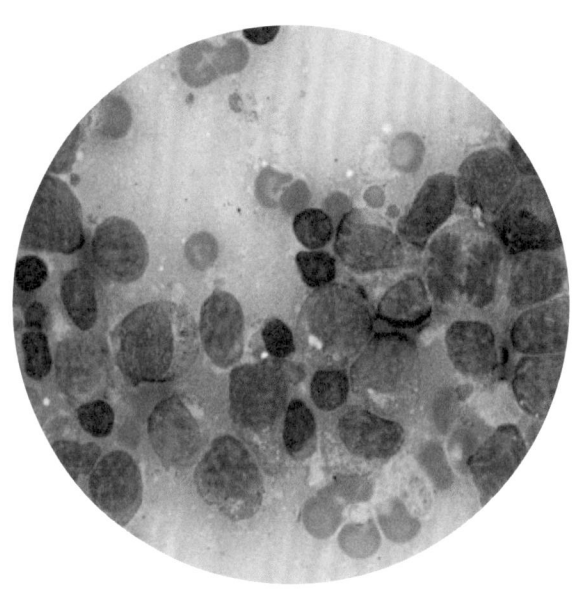

Imagen microscópica del virus de Epstein-Barr (VEB).

Como tantas veces en la investigación científica, la historia de su descubrimiento requirió curiosidad y azar, intuiciones brillantes y mucho tesón, en cantidad suficiente para superar los obstáculos que aparecieron en el camino.

Todo comenzó con el interés de Epstein, mientras trabajaba en la Facultad de Medicina del Hospital de Middlesex, por el virus del sarcoma aviar de Rous, el primer virus conocido que causa tumores malignos.

A finales de la década de 1950, un oficial médico del Servicio Colonial Británico con base en Uganda llamado Denis Burkitt acudió al londinense Hospital de Middlesex para impartir seminarios sobre los casos exóticos y extremos encontrados en los países africanos.

Denis Parsons Burkitt nació en 1911 en Enniskillen, una pintoresca ciudad del condado de Fermanagh, ahora en Irlanda del Norte. El vocablo *Enniskillen* deriva de una palabra gaélica que significa «isla de Ceithleann». Según la mitología irlandesa, Ceithleann era la esposa de Balor, el rey tuerto de una raza de gigantes. La leyenda tiene ecos en la vida de Burkitt, porque lamentablemente, a la edad de 11 años, el joven Denis sufrió una lesión que le provocó la pérdida de un ojo. Aunque esto obstaculizó algún aspecto vivencial de Denis y, hasta cierto punto, su posterior carrera como cirujano, no tuvo ningún efecto en la percepción de Burkitt. Sin duda, Denis heredó algunas de las habilidades de observación que exhibía su padre, James Parsons Burkitt, un ingeniero civil, pero también un ornitólogo aficionado, que fue uno de los primeros en utilizar la técnica de anillamiento para reconocer aves individuales, lo que permitió a James mapear meticulosamente el territorio de los pájaros. Al parecer, los mapas de James Burkitt influyeron e impresionaron a Denis, quien más tarde mapearía con precisión la distribución del «linfoma africano».

Denis Burkitt asistió a la Portara Royal School, una escuela gratuita de Enniskillen, y después, siguiendo los pasos de dos gigantes literarios irlandeses, Oscar Wilde y Samuel Beckett, continuó su formación en el Trinity College de Dublín, para estudiar ingeniería. En ese tiempo, ingresó en la Sociedad Cristiana Universitaria, convencido de que debía llegar a ser misionero. Este anhelo, quizás sumado a compartir una habitación con un estudiante médico, llevó a Denis a abandonar los estudios de ingeniería y empezar los de medicina. Tras completar los estudios, decidió convertirse en cirujano, algo sorprendente, dada su falta de visión binocular, pero completó la formación básica poco antes de la Segunda Guerra Mundial.

Burkitt tomó un puesto como médico de a bordo, antes de solicitar un puesto en los servicios médicos coloniales. Desafortunadamente, fue rechazado porque solo tenía un ojo. Después de otras solicitudes fallidas para un puesto en el extranjero, decidió unirse al Cuerpo Médico del Ejército y, después de trabajar en Inglaterra durante un tiempo, fue enviado a África, donde sirvió en Somalia y Kenia. Durante ese periodo disfrutó de una estancia en Uganda y visitó el antiguo Hospital Mengo, donde había trabajado el primer médico misionero en África, *sir* Albert Cook, así como el Mulago Teaching Hospital en Kampala, donde él mismo trabajaría más tarde. Esta experiencia, sumada a su celo evangélico, y posiblemente al ejemplo de su tío Roland, que practicaba cirugía en Nairobi, convencieron a Denis de que estaba destinado a servir en África.

Acabada la Segunda Guerra Mundial, Denis Burkitt, que era un cristiano devoto, dijo sentir la llamada de Dios a bocinazos y, siendo incapaz de ignorar semejante griterío, decidió que su futuro estaba ligado al servicio médico en el mundo en desarrollo. En el año 1946, Burkitt volvió a solicitar un empleo en la Oficina Colonial Británica. Esta vez fue aceptado y designado para el puesto de oficial médico del distrito en Lira, un pequeño pueblo en el distrito de Northern Lango en Uganda. Mientras estuvo allí, notó una alta incidencia de hidrocele causado por filarias, que son parásitos transmitidos por mosquitos y que bloquean los vasos linfáticos. Pudo demostrar que la incidencia era mucho mayor en la parte oriental de Lango (30 % de los hombres) que en la región occidental (1 %). Esta experiencia sensibilizó a Denis sobre la epidemiología geográfica, al tiempo que le inculcó el importante papel de los vectores artrópodos en la transmisión de enfermedades en África, una lección esencial que fue de gran ayuda en el contexto del linfoma africano.

Burkitt permaneció en Lira durante solo dieciocho meses, hasta que recibió un telegrama en el que era convocado para ir al Hospital Mulago de Kampala porque había enfermado Ian McAdam, que en ese momento era el único otro cirujano con formación formal en Uganda. Burkitt trabajó en Kampala durante años, pero no fue hasta 1957 cuando, instado por el pediatra Hugh Trowell, vio el primer caso de múltiples tumores de mandíbula en un niño. El afectado era un asustado chiquillo de cinco años que esperaba en la sala infantil del Hospital Mulago. El informe de la biopsia describió el tumor como un «sarcoma de células pequeñas y redondas». Burkitt no pudo ofrecer ningún consejo sobre el tratamiento, aunque las graves distorsiones faciales ocasionadas por los tumores mandibulares le causaron una gran impresión. Poco después, durante una visita regular a un hospital en Jinja, un pequeño pueblo situado donde el río Nilo desemboca en el lago Victoria, vio a un segundo niño que presentaba un tumor en los cuatro cuadrantes de la mandíbula. Este segundo chaval también tenía tumores en el abdomen. Al igual que en el primer caso, la enfermedad había sido diagnosticada como un sarcoma de células pequeñas y redondas. La coincidencia de ver, en rápida sucesión, a dos niños con tumores en la mandíbula llevó a Burkitt a examinar los registros de más pacientes atendidos en el Hospital Mulago. Identificó al menos a otros veintinueve niños que habían presentado tumores en la mandíbula, aunque muchos, como el crío de Jinja, tenían enfermedades adicionales en otros sitios, como la órbita ocular y el abdomen, las glándulas salivales, el sistema nervioso y otras zonas. La mayoría de estos tumores fueron diagnosticados como tumores de células pequeñas y redondas, y fueron notificados de forma variable, según el sitio de la enfermedad, como sarcoma, retinoblastoma, germinoblastoma, sarcoma de Ewing, tumor de Wilms o neuroblastoma.

Aunque varios patólogos europeos que trabajaban en África habían observado la alta incidencia de tumores mandibulares y de linfomas en niños con cáncer muchos años antes de que Burkitt viera su primer caso, Denis fue el primero en describir el síndrome clínico. Propuso que todos los niños con tumores mandibulares, independientemente de otros sitios en los que aparecía la patología, probablemente padecían la misma enfermedad. Su primer artículo al respecto, titulado «Un sarcoma que involucra las mandíbulas de los niños africanos», fue publicado en 1958 en la revista *British Journal of Surgery*.

Fruto de su trabajo, Burkitt recibió multitud de invitaciones para presentar los hallazgos que había encontrado en África. Las charlas eran apasionantes y, en marzo de 1961, Denis Burkitt regresó al Hospital de Middlesex como orador. En aquella ocasión, Epstein vio el anuncio del seminario y, por curiosidad, acudió a oír la charla. La conferencia fue diferente y excepcional. Fue el primer relato que Denis Burkitt dio fuera de África sobre el cáncer del sistema linfático que le dio fama mundial, el que descubrió en las mandíbulas de los niños africanos y que recibió el nombre de «linfoma de Burkitt».

Los linfomas son neoplasias que se forman en el sistema linfático, que constituye parte del sistema inmunitario. Hoy en día, el linfoma de Burkitt es uno de los linfomas no Hodgkin y conforma uno de los seis cánceres comunes para el enfoque inicial dentro de la Iniciativa Mundial contra el Cáncer Infantil, debido a su alta probabilidad de curación cuando es detectado y tratado tempranamente. Representa alrededor del 1 % al 2 % de todos los linfomas en los adultos, pero es más frecuente en niños. Existen tres tipos de linfoma de Burkitt: endémico, esporádico y linfoma relacionado con una inmunodeficiencia. En su versión africana o endémica, el linfoma de Burkitt usualmente comienza como un tumor en la mandíbula o en otros huesos faciales. La mayoría de los casos de este tipo están asociados con la infección por el virus de Epstein-Barr.

Después de los primeros veinte minutos de la charla de Denis, Epstein estaba emocionado por aquel desconocido tumor maligno de niños en África, que presentaba una extraña distribución de casos y que en pocos meses desembocaba en un desenlace fatal. Cuando Burkitt pasó a presentar datos preliminares que mostraban que la distribución geográfica dependía de la temperatura y de la lluvia, Epstein postuló que un vector artrópodo (insectos,

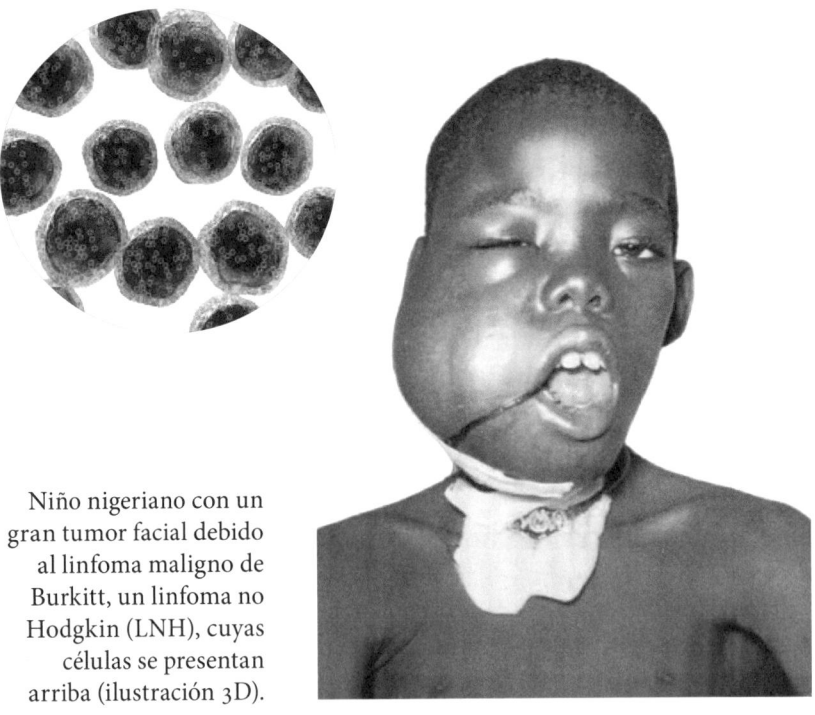

Niño nigeriano con un gran tumor facial debido al linfoma maligno de Burkitt, un linfoma no Hodgkin (LNH), cuyas células se presentan arriba (ilustración 3D).

arañas, etc.) dependiente del clima podía estar propagando un virus que causaba el cáncer. Más tarde resultó que era un cofactor transmitido por artrópodos, pero la idea de Epstein se centró correctamente en la necesidad de buscar una causa viral.

Epstein y Burkitt comenzaron a colaborar. Unas semanas más tarde, la Campaña contra el Cáncer del Imperio Británico, fundada en 1923, financió un viaje de Anthony Epstein a Uganda. El propósito era determinar cómo un suministro regular de muestras de linfoma de los pacientes de Burkitt en la capital, Kampala, podría ser enviado por avión, en vuelos nocturnos, al laboratorio de Epstein en Londres.

Durante dos años, Epstein aplicó a muestras de linfoma, con deprimentes resultados negativos, las técnicas de aislamiento de virus que eran usadas en ese momento. El material tumoral fue inoculado en cultivos celulares de prueba, huevos de gallina embrionados y ratones recién nacidos. Nada tuvo efecto. El examen directo en el microscopio electrónico también resultó infructuoso. La decepción fue mayúscula y el empleo de Epstein pendía de un hilo que ya estaba medio carcomido. Por suerte, y de forma muy sorprendente para un científico británico, Epstein logró obtener una pequeña subvención del Instituto Nacional del Cáncer de EE. UU. Fueron 45.000 dólares que Epstein empleó para contratar al doctor Bert Achong y a Yvonne Barr. Achong ayudaba con la microscopía electrónica, y Barr, con el cultivo de tejidos.

Epsein pensó que, si las células tumorales podían cultivarse lejos de las defensas del huésped, un virus canceroso latente podría activarse y volverse aparente, como sabía que ocurría con ciertos tumores de pollo. Sin embargo, hacer esto con un linfoma humano parecía poco probable, ya que nunca se había mantenido *in vitro*. A pesar de ello, Epstein lo intentó y, como era de esperar, fracasó.

Afortunadamente, con las circunstancias en contra, el azar intervino. El viernes 5 de diciembre de 1963, el vuelo nocturno de Kampala fue desviado a Manchester por la niebla que cubría Londres. Epstein, Barr y Achong recuperaron la biopsia a deshoras, mucho después de lo esperado, cuando el avión pudo por fin aterrizar en la capital británica. Como de costumbre, el tejido flotaba en líquido, pero estaba excepcionalmente turbio. Era tarde y pensaron que, con suma probabilidad, era debido a una contaminación bacteriana. En lugar de desechar el espécimen y volver a casa, pusieron una gota del líquido turbio en un portaobjetos y lo examinaron con el microscopio óptico como una preparación húmeda.

La conmoción fue gigante. En lugar de las bacterias contaminantes esperadas, Epstein descubrió que la turbiedad era causada por un gran número de células tumorales flotantes de aspecto viable, que habían sido liberadas de los bordes cortados de la muestra de linfoma durante el vuelo. Por unos trabajos científicos que, por casualidad, habían leído poco antes, decidieron que la mejor opción era establecer un cultivo celular en suspensión. Tuvieron éxito. La suerte sonríe a las mentes preparadas.

El grupo de Epstein obtuvo una línea celular continua, derivada de linfoma que etiquetaron como EB (Epstein y Barr), para diferenciarla de otras líneas celulares. Esta fue la primera vez que las células linfocíticas humanas se cultivaron a largo plazo *in vitro*. Hoy en día es una técnica estándar para una gran cantidad de diferentes tipos de investigación. Una vez conseguida la línea celular, Epstein buscó algún virus en ella. El 24 de febrero de 1964 examinó la primera preparación de células EB con el microscopio electrónico y se emocionó al ver, en el primer cuadrado de la cuadrícula en la que buscó, partículas de virus inequívocas en una célula de linfoma cultivada.

Epstein estaba extremadamente agitado, por si el espécimen se quemaba en el haz de electrones del microscopio, por lo que apagó nervioso el aparato y salió a dar una vuelta a la manzana, en mitad de la nieve y sin abrigo. El frío calmó su excitación, volvió al laboratorio y registró lo que había visto. Reconoció de inmediato que había observado a un miembro típico del grupo de los herpesvirus, con el que ya estaba muy familiarizado, y escribió en el cuaderno de laboratorio: «Virus, como herpes». No había forma de saber qué herpesvirus podría ser. Sin embargo, parecía bastante extraordinario que un herpesvirus produjera partículas de virus en una línea celular y, pese a ello, fuera tan biológicamente inerte que no destruyera todo el cultivo, como lo habrían hecho los herpesvirus conocidos. Los resultados fueron publicados, el 28 de marzo de 1964, en un artículo científico que, al poco, quedó convertido en un clásico.

Las células EB fueron trasladadas en avión desde el laboratorio de Epstein a Filadelfia, donde los virólogos Werner y Gertrude Henle confirmaron rápidamente la inercia biológica del virus. Después, todos juntos informaron que era un nuevo miembro de la familia del herpes. Los Henle comenzaron a referirse al virus como virus de Epstein-Barr (VEB), por las células EB en las que había llegado a ellos. El nombre gustó, se popularizó y fue adoptado universalmente. Fue una suerte, otra más, que el trabajo con las células del linfoma y la búsqueda de un virus fueran llevados a cabo en un laboratorio donde el microscopio electrónico era una herramienta rutinaria, ya que, de lo contrario, la extrema biología del virus podría haberlo dejado sin descubrir.

Ahora sabemos que el virus de Epstein-Barr es ubicuo, está caracterizado por una alta tasa de transmisión y que establece una infección de por vida en más del 90 % de los adultos en todo el mundo. La primera vez que alguien se infecta por el virus de Epstein-Barr puede propagar el virus durante semanas e incluso antes de tener síntomas. Una vez que el virus ingresa en el organismo, permanece allí, inactivo, en un estado latente. Después de la infección primaria, el virus continúa dentro del huésped, sobre todo en los linfocitos B, durante toda la vida del individuo, y va siendo eliminado en forma intermitente y asintomática por la bucofaringe del paciente. Si el virus se reactiva, la persona puede potencialmente propagar el virus de Epstein-Barr a otras, sin importar cuánto tiempo haya pasado desde la infección inicial.

La eficacia de la inmunidad innata, en particular la respuesta mediada por interferón, es fundamental para controlar inicialmente la infección viral y desencadenar un amplio espectro de respuestas inmunitarias adaptativas específicas contra el virus de Epstein-Barr. A pesar de estas restricciones, el virus ha desarrollado varias estrategias para evadir la reacción inmune del huésped y establecer su latencia de por vida. En las diferentes fases de infección, el virus de Epstein-Barr expresa hasta 44 micro-ARNs virales diferentes. Algunos actúan como inmunoevasinas virales, porque ha sido demostrado que contrarrestan las respuestas inmunitarias innatas y adaptativas.

En general, las infecciones primarias son adquiridas por vía oral durante la niñez o la adolescencia, pero, en los países desarrollados, la edad de la infección primaria ha ido aumentando gradualmente con el tiempo, ya que un mayor nivel socioeconómico está asociado con una menor prevalencia de anticuerpos específicos de la edad. La transmisión más frecuente del virus es por medio de líquidos corporales; en especial, a través de la saliva, siendo común el contagio por besuqueos, de ahí el nombre popular de «enfermedad del beso».

*V-J Day* de Alfred Eisenstaedt, uno de los besos más famosos de la historia. La fotografía se tomó en Nueva York durante la celebración de la rendición de Japón el 14 de agosto de 1945, que ponía fin a la II Guerra Mundial. Un acontecimiento en el que se repartieron besos a mansalva. Todo un festival de virus.

A pesar de exhibir una persistencia típicamente subclínica, el virus de Epstein-Barr es detectado constantemente en numerosos tipos de cáncer, incluido el carcinoma nasofaríngeo, los subtipos de linfomas de Hodgkin y no Hodgkin, un subtipo de carcinomas gástricos (carcinoma gástrico asociado al VEB), linfomas de células T asesinas naturales (NK) y leiomiosarcomas. En 1997, el virus de Epstein-Barr fue clasificado como carcinógeno del grupo 1 por la Agencia Internacional para la Investigación del Cáncer (IARC) debido a su asociación causal con el linfoma de Burkitt endémico (eBL), el linfoma de Hodgkin (HL) y el carcinoma nasofaríngeo (NPC).

Además, el virus de Epstein-Barr tiene un profundo efecto sobre el sistema inmunitario y es el agente causal más común de la mononucleosis infecciosa, así como de trastornos linfoproliferativos fatales en diversas afecciones inmunosupresoras. Se estima que cada año ocurren 125.000 casos de mononucleosis infecciosa en los Estados Unidos de América, y en torno al 10 % de esas personas desarrollan fatiga que dura seis meses o más. Aproximadamente el 1 % de todas las personas infectadas con el virus de Epstein-Barr desarrollan complicaciones graves, como hepatitis, problemas neurológicos o anomalías sanguíneas graves. Cada vez más, existe la apreciación fundada de que el VEB también es un factor de riesgo importante para varios trastornos autoinmunes, en particular el lupus eritematoso sistémico y la esclerosis múltiple.

La esclerosis múltiple es una enfermedad desmielinizante crónica del sistema nervioso central. La causa subyacente de esta enfermedad es desconocida, pero se cree que el virus de Epstein-Barr es un posible culpable. Sin embargo, la mayoría de las personas infectadas con este virus común no desarrollan esclerosis múltiple y no es factible demostrar directamente la causalidad de esta enfermedad en humanos. Por ello, es crítico investigar en esta dirección y usando datos de más de 10 millones de adultos jóvenes en servicio activo en el ejército de los EE. UU., monitoreados durante un período de veinte años, un estudio publicado en la revista *Science*, en enero de 2022, determinó que el riesgo de padecer esclerosis múltiple aumentó treinta y dos veces después de la infección por el virus de Epstein-Barr, pero no fue incrementado después de la infección con otros virus, incluido el citomegalovirus, que es transmitido de manera similar. Este análisis indicó que la infección por el virus de Epstein-Barr aumentaba en gran medida el riesgo de esclerosis múltiple subsiguiente, y que precedía al desarrollo de la enfermedad, lo que respalda su papel potencial en la patogenia de la patología.

Dadas las circunstancias y el peligro eventual que supone el virus, es urgente encontrar herramientas terapéuticas eficaces. Así, en el año 2022, el Instituto Nacional de Alergias y Enfermedades Infecciosas (NIAID), que es parte de los Institutos Nacionales de Salud de los Estados Unidos, lanzó un ensayo clínico en etapa inicial, para evaluar una vacuna preventiva en investigación para el virus de Epstein-Barr (VEB). La vacuna contiene nanopartículas de ferritina gp350-EBV, con un adyuvante Matrix-M basado en saponina, y actúa dirigiéndose a la glicoproteína gp350 del virus. En el año 2021, la compañía Moderna anunció el desarrollo de dos candidatas a vacunas de ARNm dirigidas contra el virus de Epstein-Barr. Una tiene carácter profiláctico (ARNm-1189), y la otra, terapéutico (ARNm-1195). En abril de 2018, fue descubierto el primer anticuerpo humano, denominado «AMMO1», que bloquea el virus de Epstein-Barr. Es el descubrimiento más prometedor hasta la fecha, ya que es el primero que puede bloquear tanto la infección de células B como la infección epitelial.

De momento, han sido detectados dos tipos principales de VEB en humanos, el VEB-1 y el VEB-2, también conocidos como tipos 1 y 2 o A y B. A su vez, los tipos 1 y 2 del virus de Epstein-Barr pueden ser subdivididos en diferentes cepas. El VEB -1 y el VEB -2 difieren en la secuencia de los genes que codifican los antígenos nucleares del virus (EBNA-2, EBNA-3A/3, EBNA-3B/4 y EBNA-3C/6). El VEB -2 inmortaliza las células B con menos eficacia que el VEB -1 *in vitro*, y la viabilidad de las líneas de células linfoblastoides infectadas con VEB -2 es menor que la de las líneas infectadas con VEB -1. La distribución geográfica de los tipos de VEB muestra que el tipo 1 es el más prevalente en el mundo, predominantemente en Europa, Asia y América del Norte y del Sur. En cambio, el tipo 2 es más frecuente en Alaska, Papúa Nueva Guinea y África Central, con una frecuencia mucho mayor en países como Kenia. También han sido informadas infecciones duales con ambos tipos de VEB.

Si bien la mayor parte de la población humana está infectada persistentemente por el virus de Epstein-Barr, al final, solo una pequeña proporción de sujetos desarrollan tumores asociados con el microorganismo, lo que sugiere que son necesarios factores adicionales para el desarrollo de la enfermedad. Durante las últimas décadas, los resultados de diferentes estudios han establecido que diversos agentes xenobióticos como los compuestos del humo del tabaco, los contaminantes, los químicos de los alimentos y los pesticidas, entre otros, pueden estar involucrados en los cánceres asociados al virus de Epstein-Barr. El estrés oxidativo promovido por algunos compuestos xenobióticos altera el perfil de expresión genética del virus de Epstein-Barr y de las interacciones del huésped, ambos involucrados en el desarrollo de cáncer.

Dada la importancia del tema, han sido publicados algunos grandes estudios que analizaron la carga global de algunos cánceres relacionados con el virus de Epstein-Barr. Entre los más recientes, el que hace referencia al estudio Global Burden of Disease (GBD) del año 2017 estimó que 265.000 casos nuevos de linfoma de Burkitt, linfoma de Hodgkin, carcinoma nasofaríngeo y carcinoma gástrico podrían ser atribuidos al virus de Epstein-Barr. La incidencia global combinada de linfoma de Burkitt, linfoma de Hodgkin, carcinoma nasofaríngeo y carcinoma gástrico en el año 2017 fue de 1.442.000 de casos, con más de 973.000 muertes. Se estima que 265.000 (18 %) casos incidentes y 164.000 (17 %) muertes se debieron a la fracción atribuida al virus de Epstein-Barr.

Estos datos suponen un aumento del 36 % en la incidencia y del 19 % en la mortalidad desde el año 1990. En 2017, las neoplasias malignas atribuidas al virus de Epstein-Barr causaron 4,6 millones de años de vida ajustados por discapacidad (AVAD o DALY, Disability Adjusted Life Years, por sus siglas en inglés), que es una medida de carga de la enfermedad global, expresada como el número de años perdidos debido a enfermedad, discapacidad o muerte prematura. De todos ellos, el 82 % fue debido solo al carcinoma nasofaríngeo y al carcinoma gástrico. Otro estudio independiente, referenciado a la base de datos de cáncer de GLOBOCAN 2018, estimó que 156.000 nuevos casos de linfoma de Burkitt, linfoma de Hodgkin y carcinoma nasofaríngeo podrían ser atribuidos al virus de Epstein-Barr en el año 2018. Las estimaciones actuales apuntan a que este virus está involucrado en más de 200.000 casos de cáncer cada año, y que el 1,8 % de todas las muertes por cáncer son debidas a tumores malignos atribuibles al virus de Epstein-Barr.

📖 PARA LEER MÁS:

ALBANESE, Manuel (2022). «Strategies of Epstein-Barr virus to evade innate antiviral immunity of its human host». *Frontiers in Microbiology* 13: 955603.

BJORNEVIK, Kjetil (2022). «Longitudinal analysis reveals high prevalence of Epstein-Barr virus associated with multiple sclerosis». *Science* 375 (6578): 296-301.

BU, Guo-Long (2022). «How EBV Infects: The Tropism and Underlying Molecular Mechanism for Viral Infection». *Viruses* 14: 2372.

BURTON, Eric (2022). «Epstein-Barr virus oncoprotein-driven B cell metabolism remodeling». *PLoS Pathogens* 18 (2): e1010254.

CHOW, Larry Ka-Yue (2022). «Epigenomic landscape study reveals molecular subtypes and EBV-associated regulatory epigenome reprogramming in nasopharyngeal carcinoma». *eBioMedicine* 86: 104357.

FARRELL, Paul (2022). «Do Epstein-Barr Virus Mutations and Natural Genome Sequence Variations Contribute to Disease?». *Biomolecules* 12 (1): 17.

KHAN, Gulfaraz (2020). «Global and regional incidence, mortality and disability-adjusted life-years for Epstein-Barr virus-attributable malignancies, 1990-2017». *BMJ Open* 10 (8): e037505.

ROBINSON, William (2022). «Epstein-Barr virus and multiple sclerosis». *Science* 375 (6578): 264-265.

SNIJDER, Joost (2018). «An Antibody Targeting the Fusion Machinery Neutralizes Dual-Tropic Infection and Defines a Site of Vulnerability on Epstein-Barr Virus». *Immunity* 48 (4): 799-811.

WEN, Yuxi (2022). «How Does Epstein-Barr Virus Interact With Other Microbiomes in EBV-Driven Cancers?» *Frontiers in Cellular and Infection Microbiology* 12: 852066.

WONG, Yide (2022). «Estimating the global burden of Epstein–Barr virus-related cancers». *Journal of Cancer Research and Clinical Oncology* 148: 31-46.

# NO ESTAMOS SOLOS

El cuerpo humano sustenta un ecosistema de 10 a 100 billones de microorganismos, que representan de 500 a 1000 especies únicas por individuo. De hecho, la mitad de las células de nuestro cuerpo son microorganismos, y el microbioma de una persona puede llegar a suponer un kilogramo del peso corporal. Cientos de estas especies diferentes forman el microbioma oral, una comunidad microbiana compleja en la que la bacteria *Fusobacterium nucleatum* es un miembro abundante.

En la cavidad oral, *Fusobacterium nucleatum* actúa como organismo puente entre los colonizadores de la placa dental, siendo crucial para el mantenimiento de esta biopelícula. A pesar de que, en general, parece tener un comportamiento mutualista, *Fusobacterium nucleatum* puede ser considerado un patógeno oportunista que está implicado en enfermedades periodontales e infecciones de la pulpa dental. También parece tener un papel emergente en neoplasias malignas extraorales, y ha sido asociado con patologías como el cáncer de mama, el carcinoma de células escamosas de esófago, el cáncer gástrico y, para terminar de acojonar, el cáncer colorrectal.

El cáncer colorrectal constituye uno de los cánceres más comunes en todo el mundo. Es el tercer cáncer más frecuente en los hombres y el segundo cáncer más repetido en el caso de las mujeres. En el año 2020 hubo más de 1,9 millones de nuevos casos y unas 930.000 muertes. Una de las víctimas fue Chadwick Boseman, el actor que interpretó al legendario rey T'Challa en el Universo cinematográfico de Marvel, con apariciones en *Capitán América: Civil War* (2016), *Black Panther* (2018), *Avengers: Infinity*

*War* (2018) y *Avengers: Endgame* (2019). Boseman murió de cáncer de colon el 28 de agosto de 2020, a los 43 años. Muchas de sus películas fueron filmadas durante el tiempo en el que el actor estuvo enfermo y siendo tratado del cáncer. La detección precoz aumenta considerablemente la tasa de supervivencia.

La tasa de mortalidad de este tipo de cáncer en el año 2019 fue un 56 % menor que la de 1970. Esto es debido a mejoras en el tratamiento y a una mayor detección en las etapas iniciales. Así, las pruebas de detección rutinarias pueden descubrir pólipos, y que sean extirpados antes de que se conviertan en cáncer. Por desgracia, algunos análisis prevén que la incidencia del cáncer colo-

Audrey Hepburn, con su Oscar a la mejor actriz por *Vacaciones en Roma* en 1954. La actriz murió de cáncer colorrectal en 1993.

rrectal aumente, para el año 2040, a 3,2 millones de casos nuevos y 1,6 millones de muertes. Las causas que originan el cáncer colorrectal son complejas y variadas, y tanto los antecedentes genéticos como los estímulos ambientales contribuyen al desarrollo de la enfermedad.

En principio, las estimaciones apuntan a que los factores genéticos representan solo del 10 al 30 % del riesgo de desarrollar cáncer colorrectal, y, por lo tanto, los factores ambientales pueden desempeñar un papel causal muy importante. Una dieta rica en grasas y baja en fibra, el tabaquismo, el consumo excesivo de alcohol y la inactividad física podrían aumentar el riesgo de padecer cáncer colorrectal. En los últimos años, la microbiota, principalmente la residente en el intestino, ha sido añadida a la lista de factores de riesgo, siendo reconocida como un contribuyente esencial al desarrollo y progresión del cáncer colorrectal.

Es evidente que la dieta y otros factores, como, por ejemplo, la toma indiscriminada de antibióticos, afecta a una multitud de microbios responsables de la homeostasis fisiológica, la señalización del sistema inmune y la digestión de polisacáridos complejos, alterando el equilibrio de la microbiota intestinal y originando lo que conocemos como disbiosis, que puede ser un actor importante en la aparición de diferentes enfermedades.

En la actualidad, es aceptado ampliamente que la disbiosis microbiana del colon participa en el proceso oncogénico con una mayor abundancia relativa de bacterias potencialmente procarcinogénicas, incluidas, entre otras, *Fusobacterium nucleatum*, *Parvimonas micra*, cepas genotóxicas de *Escherichia coli*, *Bacteriodes fragilis* toxicogénico y *Streptococcus gallolyticus*. En este sentido, han sido propuestos varios mecanismos oncogénicos impulsados por bacterias, que incluyen la activación de las vías de señalización Wnt, suscitada por especies enterotoxigénicas de *Bacteroides fragilis* y *Fusobacterium*; la señalización proinflamatoria, incitada por *Enterococcus faecalis* y *Streptococcus gallolyticus*, y la genotoxicidad provocada por *Escherichia coli* productora de colibactina. Estos efectos carcinogénicos pueden estar acompañados por cambios en el microbioma y en el metaboloma intestinal, y pueden ocurrir desde etapas muy tempranas y durante varias de las fases del desarrollo del cáncer colorrectal.

También ha sido demostrado que varias especies del microbioma intestinal humano producen una forma de la enzima citidina deaminasa que es capaz de inactivar la gemcitabina (Gemzar®), un fármaco antitumoral, análogo de la citidina, que es empleado en quimioterapia. En el mismo sentido, la capecitabina, un profármaco administrado por vía oral y aplicado en el tratamiento metastásico avanzado de cáncer de mama y de cáncer colorrectal, puede experimentar interacciones con la microbiota intestinal que derivan en la degradación enzimática microbiana del medicamento.

Así, de acuerdo con la información acumulada en los últimos años, ha sido planteado un nuevo término denominado «oncobioma», que representa el vínculo entre el microbioma humano y el proceso de carcinogénesis. La Agencia Internacional para la Investigación del Cáncer estima que uno de cada cinco casos de cáncer en el mundo es causado por una infección. Varios estudios han observado, en tejidos tumorales de pacientes con cáncer colorrectal, una subrepresentación de especies dentro de los géneros bacterianos *Escherichia*, *Citrobacter*, *Shigella*, *Flavobacterium*, *Acinetobacter* y *Chryseobacterium*. Por otro lado, una abundancia relativa baja de especies de bacterias como *Bifidobacterium animalis* y *Streptococcus thermophilus*, y una abundancia relativamente alta de *Bacteroides clarus*, *Roseburia intestinalis*, *Clostridium hathewayi*, *Parvimonas micra*, *Solobacterium moorei* y *Fusobacterium nucleatum* pueden servir como biomarcadores de cáncer colorrectal.

La bacteriemia por *Clostridium septicum* aumenta el riesgo de desarrollar cáncer colorrectal. *Clostridioides difficile*, *Enterococcus faecalis*, *Bacteroides fragilis*, *Escherichia coli*, *Streptococcus gallolyticus*, *Porphyromonas*, *Peptostreptococcus*, *Gemella*, *Mogibacterium*, *Klebsiella* y *Prevotella* son relativamente más abundantes en pacientes con cáncer colorrectal que en individuos sanos. No obstante, varios estudios apuntan a que algunas especies bacterianas de los géneros *Lactobacillus* y *Bifidobacterium* inhiben el desarrollo de cáncer colorrectal, al inhibir la inflamación intestinal y la angiogénesis; mientras que cepas de *Propionibacterium* spp. inducen apoptosis en las células de cáncer colorrectal, y la especie *Faecalibacterium prausnitzii* protege del desarrollo tumoral a través de efectos antiinflamatorios.

La relación entre la microbiota intestinal y el riesgo de cáncer colorrectal en humanos es compleja, y posiblemente muestra cierta variación intraindividual e interindividual. De hecho, las interacciones entre el huésped y *Fusobacterium nucleatum*, relacionadas con la participación del microorganismo en el inicio, la progresión y la resistencia al tratamiento del tumor, no son conocidas por completo; aunque cada vez hay más evidencias que apuntan a que la colonización tisular de la bacteria parece estar asociada con mayor crecimiento tumoral, metástasis y resistencia

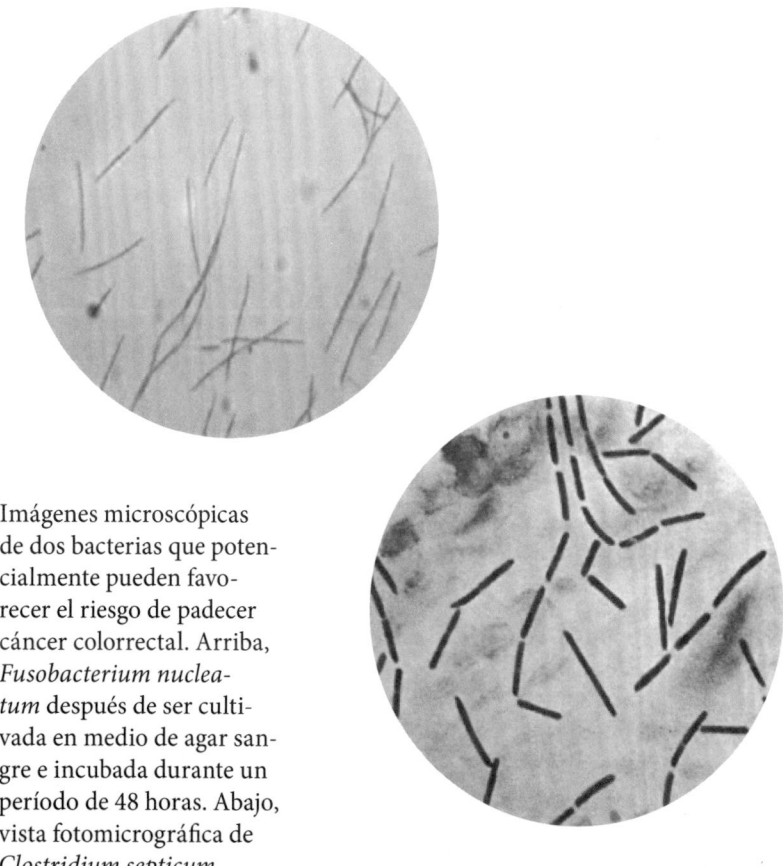

Imágenes microscópicas de dos bacterias que potencialmente pueden favorecer el riesgo de padecer cáncer colorrectal. Arriba, *Fusobacterium nucleatum* después de ser cultivada en medio de agar sangre e incubada durante un período de 48 horas. Abajo, vista fotomicrográfica de *Clostridium septicum*.

a la quimioterapia. Para más inri, el tratamiento con metronidazol, un antibiótico activo contra *Fusobacterium*, inhibe o retrasa el crecimiento de tumores injertados en ratones, lo que indica un papel activo de las bacterias en el desarrollo de los tumores.

Los mecanismos por los cuales *Fusobacterium nucleatum* promueve la progresión tumoral incluyen la generación de un microambiente proinflamatorio promotor de tumores y la aceleración de la proliferación de células de cáncer de colon. Además, *Fusobacterium nucleatum* induce resistencia a la quimioterapia y apoya el desarrollo de tumores obstaculizando la inmunidad antitumoral con diversos mecanismos, que incluyen la interferencia en el reclutamiento de linfocitos que pueden infiltrarse en el tumor, y activando puntos de control inmunitarios, como TIGIT, que inhiben la destrucción de las células cancerosas por parte de las células *natural killer* (NK) y las células T infiltradas en el tumor.

De acuerdo con estos hallazgos, la presencia de una mayor cantidad de ADN de *Fusobacterium nucleatum* en el tejido del cáncer colorrectal ha sido asociada con un estadio avanzado de la enfermedad, una peor supervivencia y una menor densidad de células T en el tumor. Por tanto, la presunción es que un alto nivel poblacional de *Fusobacterium nucleatum* en los tejidos cancerígenos está inversamente correlacionado con la supervivencia global al cáncer colorrectal.

Los síntomas del cáncer colorrectal pueden incluir un cambio en los hábitos fecales, sangre en las heces, diarrea, estreñimiento o la sensación de que el intestino no se vacía por completo, dolores, molestias o cólicos abdominales que no desaparecen, así como pérdida de peso inexplicable. La aparición de alguno de estos síntomas invita a realizar, con presteza, una consulta médica especializada.

# 📖 PARA LEER MÁS:

BOROWSKY, Jennifer (2021). «Association of *Fusobacterium nucleatum* with Specific T Cell Subsets in the Colorectal Carcinoma Microenvironment». *Clinical Cancer Research* 27 (10): 2816-2826.

DESPINS, Cody (2021). «Modulation of the Host Cell Transcriptome and Epigenome by *Fusobacterium nucleatum*». *mBio* 12 (5): e02062-21.

HUANG, Jiayuan (2022). «Effects of microbiota on anticancer drugs: Current knowledge and potential applications». *EBioMedicine* 83: 104197.

LEE, Jii Bum (2021). «Association between *Fusobacterium nucleatum* and patient prognosis in metastatic colon cancer». *Scientific Reports* 11: 20263.

MORGAN, Eileen (2023). «Global burden of colorectal cancer in 2020 and 2040: incidence and mortality estimates from GLOBOCAN». *BMJ Gut* 72 (2): 338-344.

PARHI, Lishay (2020). «Breast cancer colonization by *Fusobacterium nucleatum* accelerates tumor growth and metastatic progression». *Nature Communications* 11: 3259.

PONATH, Falk (2022). «Expanding the genetic toolkit helps dissect a global stress response in the early-branching species *Fusobacterium nucleatum*». *PNAS* 119 (40): e2201460119.

WANG, Shuang (2021). «*Fusobacterium nucleatum* Acts as a Pro-carcinogenic Bacterium in Colorectal Cancer: From Association to Causality». *Frontiers in Cell and Developmental Biology* 9: 710165.

# VIRUS DEL PAPILOMA HUMANO

A nivel mundial, el cáncer de cuello uterino es el cuarto cáncer más frecuente en mujeres. Las estimaciones apuntan a que en el año 2020 hubo 604.000 casos nuevos de cáncer de cuello uterino y unas 342.000 muertes. Aproximadamente el 90 % de las muertes ocurrieron en países de ingresos bajos y medianos. Las mujeres infectadas con el virus de la inmunodeficiencia humana (VIH) tienen seis veces más probabilidades de desarrollar cáncer de cuello uterino en comparación con las mujeres sin VIH, y se estima que el 5 % de todos los casos de cáncer de cuello uterino son atribuibles al VIH. Sin embargo, la causa principal del cáncer de cuello uterino es la infección prolongada con ciertos tipos de virus del papiloma humano (VPH).

Según la Organización Mundial de la Salud (OMS), alrededor del 5 % de los cánceres son provocados por infecciones del virus del papiloma humano. La infección por VPH es un problema de salud pública mundial con grandes tasas de transmisión de madre a hijo, y está altamente asociada con cánceres de cuello uterino, vagina, vulva, ano, recto, pene y orofaringe. La prevalencia de los cánceres de garganta (orofaríngeos) causados por el virus del papiloma humano (VPH) ha aumentado en las últimas décadas. Un estudio de 2010, realizado por el profesor Hisham Mehanna de la Universidad de Birmingham y publicado en el *British Medical Journal*, señaló que las tasas de cánceres orales y orofaríngeos causados por el VPH aumentaron un 51 % entre 1989 y 2006. El VPH es trasmitido a la boca y a la garganta principalmente al practicar sexo oral, y parece causar alrededor del 70 % de los cánceres de orofaringe. Estos cánceres aparecen en la parte posterior de la garganta, la base de la lengua o las amígdalas.

A principios de 2023, la leyenda del tenis Martina Navratilova, a los 66 años, anunció que había sido diagnosticada de dos tipos de cáncer, uno de mama y otro de garganta en etapa 1, que fue descubierto después de una biopsia en un ganglio linfático agrandado en el cuello, y que había sido originado por el virus del papiloma humano. Según los Centros para el Control y Prevención de Enfermedades estadounidenses, en Estados Unidos, cada año son diagnosticados alrededor de 3500 casos nuevos de cánceres orofaríngeos asociados con el VPH en mujeres y 16.200 en hombres.

La infección por VPH es la enfermedad de transmisión sexual más común en los Estados Unidos y en Europa. Algunos tipos de VPH pueden causar verrugas (papilomas), tanto en hombres como en mujeres, en o alrededor de los genitales y el ano. Las mujeres también pueden presentar verrugas en el cuello uterino y en la vagina. Estos tipos de VPH son denominados de «bajo riesgo» porque muy rara vez originan cáncer. Por desgracia, unos pocos tipos de VPH, en especial los VPH16 y VPH18, son considerados de «alto riesgo» debido a que pueden causar cáncer en hombres y mujeres. En realidad, el virus del papiloma humano es un grupo de más de 200 tipos de virus relacionados, de los cuales más de 40 son transmitidos por contacto sexual directo. Entre estos, dos tipos de VPH causan verrugas genitales, y alrededor de una docena de tipos de VPH pueden causar diversos tipos de cáncer, como el cervicouterino, el anal, el orofaríngeo, el peneano, el vulvar y el vaginal. Además, varios estudios indican que la infección por VPH está asociada con anomalías placentarias y resultados adversos del embarazo, como aborto espontáneo, parto prematuro, ruptura prematura de membranas, restricción del crecimiento intrauterino, muerte fetal y bajo peso al nacer.

La infección del virus es transmitida por contacto genital, o piel con piel, y es frecuente en mujeres jóvenes tras el inicio de la actividad sexual. Ante esto, la mayoría de los países desarrollados han implementado la vacunación contra el VPH antes del inicio de la práctica sexual. De hecho, en los países de ingresos altos, existen programas que permiten que las niñas sean vacunadas contra el

VPH y que las mujeres se sometan a pruebas de detección periódicas y reciban un tratamiento adecuado. La detección permite identificar lesiones precancerosas en etapas en las que pueden ser tratadas con facilidad.

En este escenario, al menos la mitad de las personas sexualmente activas tendrán VPH en algún momento de sus vidas, pero pocas mujeres tendrán cáncer de cuello uterino. Lamentablemente, en los países de ingresos bajos y medianos, el acceso a estas medidas preventivas es limitado y, a menudo, el cáncer de cuello uterino no es identificado hasta etapas avanzadas donde la sintomatología es aparente. Además, el acceso al tratamiento de las lesiones cancerosas, como la cirugía, la radioterapia y la quimioterapia, suele ser reducido, lo que da como resultado una mayor tasa de muerte por cáncer de cuello uterino en estos países.

El 75 % de las mujeres sexualmente activas estarán infectadas por uno o más tipos de VPH a lo largo de su vida. Si la infección persiste, las oncoproteínas virales pueden inducir la perturbación

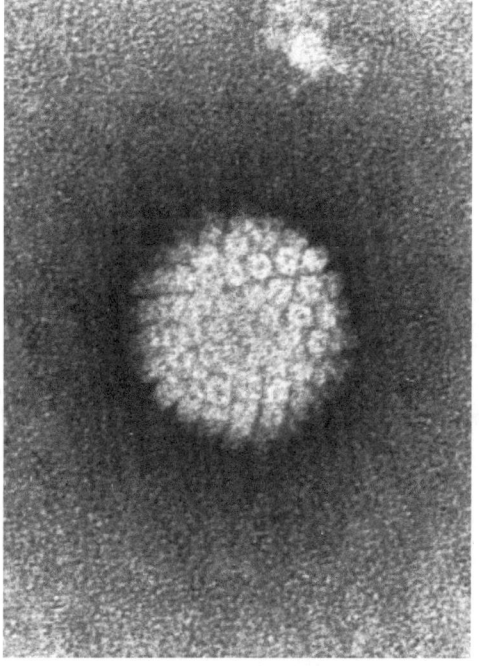

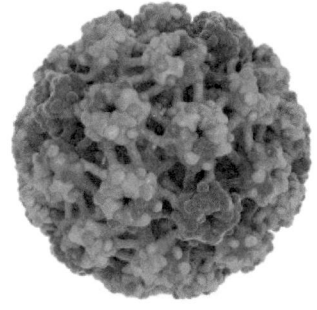

Arriba, diseño tridimensional de la estructura celular del virus del papiloma humano. A la izquierda, micrografía electrónica.

del ciclo celular, lo que da como resultado una neoplasia intraepitelial cervical. En un principio, estas lesiones generalmente no son más que manifestaciones de la infección por VPH, pero el riesgo de progresión a cáncer es mayor si no son detectadas y tratadas a tiempo. La evolución hacia el cáncer es lenta, permitiendo oportunidades de detección. El pico de incidencia de cáncer acontece alrededor de los 40 años y puede ocurrir en el 3 a 5 % de las mujeres que adquieren una infección por VPH de alto riesgo.

La eliminación del cáncer cervicouterino es una meta anhelada. Para ello, todos los países deben alcanzar y mantener una tasa de incidencia inferior a cuatro por cada cien mil mujeres. Es un objetivo ambicioso que pretende ser conseguido en el año 2030. Por esta razón, se ha propuesto implementar la estrategia 90-70-90, que está basada en tres pilares clave, consistentes en que el 90 % de las niñas estén completamente vacunadas con la vacuna contra el VPH a la edad de 15 años; que el 70 % de las mujeres sean sometidas a una prueba de detección de alto rendimiento antes de los 35 años y nuevamente a los 45 años, y que el 90 % de las mujeres con lesiones precancerosas y el 90 % de las mujeres con cáncer invasivo sean tratadas adecuadamente.

Los preservativos pueden ofrecer cierta protección contra la infección por VPH, pero el virus puede estar en la piel que no está cubierta por el condón, y el patógeno puede propagarse durante el contacto directo de piel a piel. Las verrugas genitales pueden aparecer semanas o meses después del contacto con una pareja portadora del VPH. Las verrugas también pueden aparecer años después de la exposición, pero este escenario es raro. En general, las verrugas presentan morfología como de pequeños bultos o grupos de bultitos en el área genital. Pueden ser pequeños o grandes, elevados o planos, o con forma de coliflor. Si no son tratadas, las verrugas genitales pueden desaparecer, permanecer y no cambiar, o aumentar de tamaño o número. En los hombres, las verrugas suelen aparecer en el pene, especialmente bajo el prepucio en los individuos no circuncidados, o en la uretra. En las mujeres, las verrugas genitales se producen en la vulva, en la pared vaginal, en el cuello uterino y en la piel que rodea el área vaginal. También pueden aparecer en el área que rodea el ano y en su interior, sobre todo en personas que practican sexo anal.

Por suerte, las verrugas causadas por los tipos de VPH de bajo riesgo rara vez se convierten en cáncer. En la mayoría de las personas, el sistema inmunitario ataca al virus y elimina la infección por VPH, habitualmente en dos años. Por desgracia, la infección con un tipo de VPH de alto riesgo no suele presentar síntomas, pero puede provocar cambios en las células que, con el paso de los años, pueden convertirse en cáncer. Por ello, es recomendable realizar pruebas primarias para detectar cánceres o precánceres de cuello uterino en personas de 25 a 65 años. Los médicos pueden evaluar los tipos de VPH de alto riesgo que tienen más probabilidades de causar cáncer de cuello uterino al buscar fragmentos de su ADN en las células del cuello uterino. La prueba puede ser realizada de manera individual (prueba primaria de VPH) o al mismo tiempo que una prueba de Papanicolaou (llamada «prueba conjunta»). Ambos análisis son realizados de la misma manera. Un profesional sanitario, provisto de herramientas adecuadas, raspa o cepilla suavemente el cuello uterino, a fin de extraer las células para la prueba. La prueba de VPH examina la presencia de material genético de ciertos tipos de VPH de riesgo alto en muestras de células del cuello uterino, mientras que la prueba de Papanicolaou, nombrada así en honor al médico griego Georgios N. Papanikolaou, persigue identificar células cancerosas de cuello uterino o cambios en las células que pueden causar este tipo de cáncer.

No hay tratamiento para el virus en sí. Una forma eficaz de prevención es la administración de vacunas. En el año 1976, el virólogo alemán Harald zur Hausen planteó la hipótesis de que el virus del papiloma humano desempeñaba un papel importante en el desarrollo del cáncer de cuello uterino. En los años 1983 y 1984, junto con sus colaboradores, identificó el VPH16 y el VPH18 en cánceres de cuello uterino. Esta investigación hizo posible el desarrollo de la vacuna contra el VPH, cuya primera formulación fue comercializada en el año 2006.

Fotografía de Georgios N. Papanikolaou, pionero en la citopatología y la detección precoz del cáncer, e inventor de la prueba de Papanicolaou.

En la actualidad, hay seis vacunas autorizadas contra el VPH: tres bivalentes, dos tetravalentes y una nonavalente. Las vacunas Gardasil, Gardasil 9, Silgard y Cervarix son comercializadas con asiduidad. Todas las vacunas son muy eficaces para prevenir la infección por los tipos de virus 16 y 18, que en conjunto son responsables de, aproximadamente, el 70 % de los casos de cáncer de cuello uterino en todo el mundo. Las vacunas también son muy eficaces en la prevención de lesiones cervicales precancerosas causadas por estos tipos de virus.

Cervarix es una suspensión inyectable que contiene proteínas purificadas para los tipos 16 y 18 del virus del papiloma humano. Está disponible en viales o jeringas precargadas. Silgard es una vacuna recomendada a partir de los nueve años de edad que contiene proteínas recombinantes L1 de los tipos 6, 11, 16 y 18. Gardasil también previene la infección por los tipos 6, 11, 16 y 18. La vacuna nonavalente (Gardasil 9) brinda protección contra los tipos 6 y 11, que causan el 90 % de las verrugas genitales; contra los tipos 16 y 18, dos VPH de alto riesgo que causan alrededor del 70 % de los cánceres de cuello uterino y un porcentaje aún mayor de algunos de los otros cánceres causados por el VPH, y también contra los tipos 31, 33, 45, 52 y 58, que son considerados VPH de alto riesgo, ya que representan entre un 10 % y un 20 % adicional de los cánceres de cuello uterino.

Un estudio publicado en el año 2020, que incluyó a más de un millón de mujeres en Suecia, encontró que la vacuna tetravalente contra el VPH demostró una reducción sustancial del riesgo de cáncer de cuello uterino invasivo. Otro estudio, publicado en el año 2021, analizó lo que sucedió tras introducir la vacuna bivalente de dos dosis, Cervarix, para niñas de 12 a 13 años en Inglaterra en el año 2008, y encontró que, entre las niñas que recibieron la vacuna contra el VPH cuando tenían 12 o 13 años, hubo una reducción del 87 % en el cáncer de cuello uterino. Las reducciones fueron menos dramáticas cuando niñas de más edad fueron vacunadas durante dos campañas de recuperación dirigidas a niñas de 14 a 16 años y de 16 a 18 años, aunque esto podría deberse a que algunas de ellas ya pudieran haber tenido relaciones sexuales y, por tanto, haber estado expuestas al VPH. Aun así, en esos casos, hubo una reducción del 75 % en los cánceres de cuello uterino para las mujeres vacunadas entre los 14 y los 16 años, y una reducción del 39 % para las vacunadas entre los 16 y los 18 años.

En octubre de 2022, el doctor Tedros Adhanom Ghebreyesus, director general de la OMS, nombró a los miembros de la familia Lacks como Embajadores de Buena Voluntad de la OMS para la Eliminación del Cáncer de Cuello Uterino. El nombramiento reconoce los esfuerzos por defender la prevención del cáncer de cuello uterino y preservar la memoria de Henrietta Lacks, que murió a causa de esta enfermedad en 1951. Meses antes del fallecimiento de la señora Lacks, los médicos del Hospital Johns Hopkins en Baltimore, Maryland, habían tomado muestras de las células cancerosas de Henrietta, mientras diagnosticaban y trataban la enfermedad. Distribuyeron parte de ese tejido sin el conocimiento o consentimiento de Henrietta Lacks y resultó que, en el laboratorio, las células mostraron una extraordinaria capacidad para sobrevivir y reproducirse. Eran, en esencia, inmortales. Las células fueron nombradas como HeLa, en alusión a la procedencia, y casi de inmediato quedaron convertidas en una herramienta excepcional de la investigación biológica, siendo ligadas al desarrollo de la medicina moderna, porque han estado involucradas en descubrimientos clave en muchos campos, incluidos el cáncer, la inmunología y las enfermedades infecciosas. La línea celular HeLa inmortal expresa activamente telomerasa, una enzima que previene el acortamiento de los telómeros. La regeneración de los telómeros es importante, puesto que la longitud de los telómeros es la medida del envejecimiento de la célula. Cuanto más cortos sean los telómeros, más envejecida estará una célula. Con probabilidad, la capacidad proliferativa de las células HeLa es debida a que el virus del papiloma humano integró su genoma cerca del protooncogén c-Myc, activándolo, aumentando su ritmo de crecimiento y, a la postre, provocando el cáncer de Henrietta.

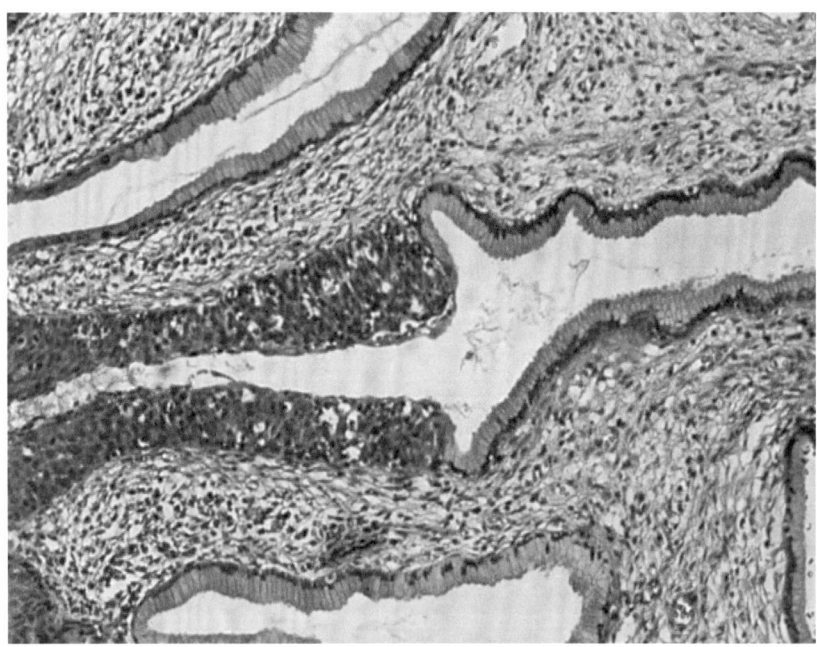

Displasia de alto grado en el cuello el útero de una paciente. El epitelio anormal se extiende hacia una glándula mucosa a la izquierda del centro. Esta enfermedad puede progresar hasta convertirse en un cáncer invasivo del cuello uterino.

En el año 2020, la Organización Mundial de la Salud lanzó una estrategia mundial para acelerar la eliminación del cáncer de cuello uterino. En los países donde no existen medidas de control del cáncer, la prioridad debe ser la inmunización contra el VPH de las niñas, para prevenir futuros cánceres de cuello uterino y otras neoplasias malignas relacionadas con el virus del papiloma humano. Cada vez son más los países que han introducido con éxito la vacuna contra el VPH en su programa nacional de inmunización, incluidos algunos de los que tienen la mayor carga de cáncer de cuello uterino en el mundo, como Malawi, Uganda, la República Unida de Tanzania, Zambia y Zimbabue. Educar a la población para aceptar la vacunación contra el VPH es un elemento clave para tener éxito, porque una alta tasa de inmunización está directamente relacionada con la caída en el número de casos de cáncer.

📖 PARA LEER MÁS:

ARDEKANI, Ali (2023). «Worldwide prevalence of human papillomavirus among pregnant women: A systematic review and meta-analysis». *Reviews in Medical Virology* 33 (1): e2374.

BOITANO, Teresa (2023). «An Update on Human Papillomavirus Vaccination in the United States». *Obstetrics & Gynecology* 141 (2): 324-330.

FALCARO, Milena (2021). «The effects of the national HPV vaccination programme in England, UK, on cervical cancer and grade 3 cervical intraepithelial neoplasia incidence: a register-based observational study». *Lancet* 398: 2084-2092.

GHEIT, Tarik (2023). «Impact of HPV vaccination on HPV-related oral infections». *Oral Oncology* 136:106244.

LAN, Zhihua (2023). «Prevalence of human papillomavirus genotypes and related cervical morphological results in southern Hunan Province of China, 2018-2020: Baseline measures at a tertiary institution prior to mass human papillomavirus vaccination». *Frontiers in Microbiology* 13: 1094560.

LEIENDECKER, Lukas (2023). «Human Papillomavirus 42 Drives Digital Papillary Adenocarcinoma and Elicits a Germ Cell-like Program Conserved in HPV-Positive Cancers». *Cancer Discovery* 13 (1): 70-84.

Luan, Haiping (2023). «Human papilloma virus infection and its associated risk for cervical lesions: a cross-sectional study in Putuo area of Shanghai, China». *BMC Womens Health* 23:28.

Niyibizi, Joseph (2020). «Association Between Maternal Human Papillomavirus Infection and Adverse Pregnancy Outcomes: Systematic Review and Meta-Analysis». *The Journal of Infectious Diseases* 221 (12): 1925-1937.

Singh, Deependra (2022). «Global estimates of incidence and mortality of cervical cancer in 2020: a baseline analysis of the WHO Global Cervical Cancer Elimination Initiative». *The Lancet Global Health* S2214-109X (22) 00526-5.

Sun, Jian-Xuan (2023). «The association between human papillomavirus and bladder cancer: Evidence from meta-analysis and two-sample mendelian randomization». *Journal of Medical Virology* 95 (1): e28208.

# UN BREBAJE ASQUEROSO

«¡Mamá, no soporto el dolor!», gimió Anne. Los lamentos, al principio canijos, alcanzaron el tamaño de la Torre Eiffel. Eran sollozos expulsados a borbotones. Brincaban por toda la casa y, de lejos, recordaban a esas pelotas de goma, pequeñas y duras, que botan impetuosas, como si intentaran alcanzar el cielo. El llanto de Anne chocaba con las pareces y con el suelo, y con el techo, y con cualquier objeto que intentara ofrecer oposición, hasta que lograba penetrar, a bocajarro, en cada una de las habitaciones, y, por supuesto, también en los tímpanos entrenados de los vecinos fisgones.

Todo comenzó a principios de 2014, en Fairless Hills, una población ubicada al sureste del estado estadounidense de Pensilvania, lugar de residencia de Anne Ha, una joven de 27 años. Por aquel entonces, iniciado febrero, Anne empezó a sufrir un malestar estomacal inusual. Parecía que estaba recibiendo, en plena boca del estómago, los aguijonazos certeros de una avispa gigante o los zarpazos de un oso negro enfurecido. El tormento iba acompañado de una acidez terrible, y Anne pasó tres noches seguidas llorando. «Demasiadas lágrimas para no ser nada», pensó la madre de Anne, que, preocupada, solicitó cita médica urgente. Ambas acudieron al médico de familia, que recetó antiácidos y analgésicos. El dolor remitió, y al poco llegó la primavera, cargada de flores y de trinos vivarachos. Las siguientes semanas transcurrieron sin molestias reseñables, pero un maldito día de junio Anne empezó a estar muy fatigada y a depositar heces que parecían alquitrán. Regresó al consultorio médico y, mientras aguardaba en la sala de espera, sufrió un desmayo. De inmediato fue trasladada a la unidad de urgencias de un hospital cercano, donde le realizaron una endoscopia. La prueba descubrió tres úlceras sangrantes causadas por *Helicobacter pylori*. Anne recibió terapia antibiótica y una cita de seguimiento para tres meses después. Por desgracia, la biopsia resultó positiva para cáncer. El tratamiento implicó 26 semanas consecutivas de quimioterapia y que la mitad del estómago de Anne fuera extirpada quirúrgicamente.

*Helicobacter pylori* es una bacteria microaerófila gramnegativa que coloniza, con una alta variabilidad geográfica, la mucosa gástrica de más de la mitad de la población mundial. En general, la infección por *Helicobacter pylori* es adquirida durante la niñez y, en ausencia de tratamiento con antibióticos, persiste de por vida. La mayoría de las personas infectadas permanecen asintomáticas durante un período prolongado. Como resultado, la colonización a largo plazo de *Helicobacter pylori* puede dañar la mucosa gástrica y causar diversas enfermedades del tracto gastrointestinal superior, como gastritis crónica, úlcera péptica y neoplasias malignas gástricas, en particular cáncer gástrico y linfoma de tejido linfoide asociado a la mucosa gástrica (MALT).

La bacteria ha sido reconocida como carcinógeno de clase 1 por la Agencia Internacional para la Investigación del Cáncer y como uno de los factores de riesgo conocidos más importantes para las neoplasias malignas gástricas. Aproximadamente el 89 % de todos los cánceres gástricos son atribuidos a la infección por *Helicobacter pylori*, y es sabido que la erradicación de esta infección reduce la incidencia de cáncer gástrico. Una investigación publicada en febrero de 2022, en la revista *Cell Reports*, apunta a que la infección con micobacterias agrava la patología preneoplásica gástrica inducida por *Helicobacter pylori*, ya que la presencia simultánea de ambos patógenos exacerba los problemas asociados con cada infección individual por sí sola y, posiblemente, debería ser tenida en cuenta en las decisiones de tratamiento.

En la primera mitad del siglo xx, el cáncer gástrico era la principal causa de muerte por tumores malignos en los Estados Unidos y en Europa. En las últimas décadas, la incidencia y la mortalidad por cáncer de estómago han disminuido sustancialmente en muchos países. Aun así, los datos siguen siendo estremecedores, porque el cáncer de estómago fue el quinto tumor maligno más común en el mundo en el año 2020 con, aproximadamente, 1,1 millones de casos nuevos, y es la cuarta causa principal de muerte por cáncer, con alrededor de 800.000 muertes anuales. Más del 85 % de los casos de cáncer de estómago son registrados en países con índice de desarrollo humano alto y muy alto (590.000 y 360.000 casos, respectivamente). La tasa de supervivencia estimada a cinco años es inferior al 20 %.

Por suerte, durante el siglo pasado, los países desarrollados occidentales experimentaron una importante reducción en la incidencia y mortalidad por cáncer de estómago, sin la introducción de medidas específicas de prevención primaria y secundaria. En general, se cree que las tendencias favorables en la frecuencia del cáncer de estómago son, en parte, consecuencia de cambios en diversos hábitos, como la reducción en el uso de sal y un aumento en el consumo de frutas y verduras frescas. Este fenómeno ha sido denominado el «triunfo no planificado» de la prevención.

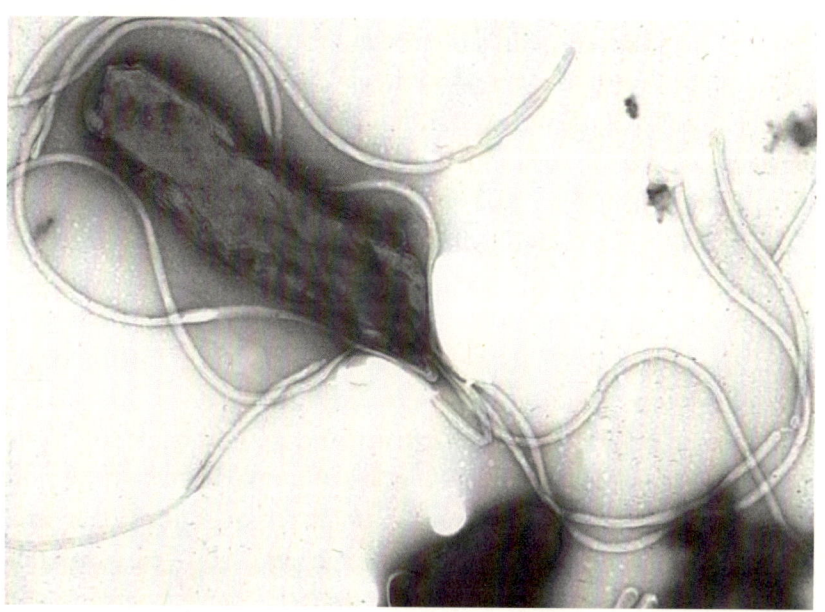

Micrografía electrónica de la bacteria *Helicobacter pylori*.

Las estrategias de prevención primaria y secundaria son el centro de la prevención del cáncer de estómago. Las medidas de prevención primaria implican mejoras en el entorno y en los hábitos de vida, como pueden ser el control del tabaco o conseguir dejar de fumar, reducir el consumo de sal, aumentar el consumo de frutas y verduras, desarrollar conductas saludables, como ingerir mayor proporción de fibra y realizar actividad física rutinaria, erradicar a *Helicobacter pylori*, disminuir la ingesta de antiinflamatorios no esteroideos, abstenerse de tomar bebidas con alto contenido alcohólico y procurar realizar mejoras en el saneamiento y en la higiene. En este sentido, la OMS ha fijado el objetivo mundial de reducir la ingesta de sal a menos de 5 g (2000 mg de sodio) por persona y día para el año 2025.

Aun con todo, en el año 2018, el cáncer gástrico ocupaba el sexto lugar en incidencia y el segundo en mortalidad entre todos los cánceres según las estadísticas mundiales de cáncer. Por desgracia, investigadores de la Agencia Internacional para la Investigación del Cáncer (IARC) predicen que la carga anual de cáncer gástrico aumentará a alrededor de 1,8 millones de casos nuevos y a alrededor de 1,3 millones de muertes para el año 2040, lo que representa aumentos de alrededor del 63 % y el 66 %, respectivamente, en comparación con el año 2020. Algunos metaanálisis de ensayos aleatorios han mostrado que el riesgo de cáncer de estómago puede ser reducido al 35 % con el tratamiento para eliminar a *Helicobacter pylori*.

Además de la vigilancia endoscópica e histológica, las guías americanas y europeas recomiendan la erradicación de *Helicobacter pylori* en todas las personas que presenten atrofia y/o metaplasia intestinal, y en todas las personas que sean familiares de primer grado de pacientes con cáncer de estómago. De acuerdo con el Asian Pacific Gastric Cancer Consensus, son recomendables tanto la detección como el tratamiento de la infección por *Helicobacter pylori* en la población de regiones que tienen una incidencia anual de cáncer de estómago de más de 20 casos por 100.000 habitantes. La erradicación de *Helicobacter pylori* puede ser lograda con terapia antibiótica, pero el tratamiento de los portadores asintomáticos no es práctico, ya que muchos países tienen una carga de infección muy alta. Por ejemplo, más del 75 % de las personas adultas que viven en el África subsahariana tienen infección por *Helicobacter pylori*, y la reinfección es relativamente fácil.

«Las partes buenas de nuestra relación eran como una rata revolviéndose y mordiéndome en el estómago», escribió Charles Bukowski en la aclamada novela *Mujeres*. Pues algo parecido ocurre con la compañía de *Helicobacter pylori*, los días buenos son horribles o peor. La bacteria es la causa principal de úlcera péptica y gastritis en todo el mundo, que suele presentarse como dolor epigástrico punzante o ardiente. A menudo, los síntomas de la infección por *Helicobacter pylori* consisten en indigestión (dispepsia), dolor o malestar en la mitad superior del abdomen y, con menor frecuencia, náuseas, vómitos o pérdida del apetito. Las personas infectadas tienen un riesgo de dos a seis veces mayor de desarrollar cáncer gástrico y linfoma de tipo linfoide asociado a las mucosas (MALT), en comparación con los individuos no infectados. Existe transmisión de la bacteria de persona a persona, en general a través de las vías fecal-oral u oral-oral, por contacto directo con la saliva, el vómito o las heces, especialmente si las personas infectadas no se lavan las manos minuciosamente después de cada deposición y contaminan agua o alimentos.

A diferencia de otras bacterias, *Helicobacter pylori* puede sobrevivir en el hostil entorno ácido del estómago, porque secreta una enzima llamada «ureasa», que convierte la urea química en amonio. La producción de amonio alrededor de *Helicobacter pylori* neutraliza la acidez del nicho circundante y permite que la bacteria persista dentro de la mucosa gástrica del estómago. En base a esta actividad, en el test del aliento para la detección de *Helicobacter pylori* es administrado un comprimido de urea marcada con el isótopo no radioactivo 13C (carbono 13). Si *Helicobacter pylori* está presente, la urea marcada es degradada, por la ureasa de la bacteria, en dióxido de carbono y amonio. El 13C entra a formar parte del dióxido de carbono que es absorbido, pasa a la sangre y es eliminado en forma de aire espirado a través de los pulmones. Después, el 13C puede ser detectado fácilmente en una muestra de aire espirado.

El tratamiento más utilizado para eliminar la infección por *Helicobacter pylori* consiste en tomar un inhibidor de la bomba de protones, como pueden ser lansoprazol, omeprazol, pantoprazol, rabeprazol o esomeprazol, para reducir la producción de ácido en el estómago, en combinación con dos antibióticos y, a veces, también subsalicicato de bismuto. Los antibióticos administrados suelen ser amoxicilina, claritromicina, metronidazol y tetraciclina. El subsalicilato de bismuto puede originar estreñimiento y oscurecimiento de la lengua y de las heces. Varios ensayos han demostrado que comer yogur suplementado con *Lactobacillus* y *Bifidobacterium* mejora las tasas de erradicación de *Helicobacter pylori* en humanos. Esto es debido a que los probióticos producen sustancias beneficiosas para el sistema gastrointestinal, como el butirato, que ayuda a suprimir las infecciones por *Helicobacter pylori*, como complemento de la terapia con antibióticos.

El período de tiempo en el que *Helicobacter pylori* empezó a colonizar el estómago humano es desconocido, pero las características filogenéticas de las diferentes poblaciones geográficas de la bacteria reflejan eventos significativos desde la prehistoria humana. Diversos estudios han demostrado que, gracias a la migración de las poblaciones humanas, *Helicobacter pylori* salió del continente africano al resto del mundo hace unos 58.000 años, y se ha estimado que colonizó a los humanos hace más de 115.000 años.

La colonización del estómago por *Helicobacter pylori* puede causar, en la mayoría de los pacientes y desde el primer momento de la infección, gastritis aguda o gastritis crónica no atrófica (gastritis difusa de predominio antral o gastritis superficial). Por tanto, podemos tener una gastritis aguda y también una gastritis neutrofílica grave con hipoclorhidria transitoria. La infección no causa síntomas en alrededor del 80 % de los infectados. Histológicamente se observa un infiltrado inflamatorio de la pared del estómago en el que están las bacterias. La infiltración inflamatoria es acotada en el área pilórica, mientras que las lesiones inflamatorias son limitadas o no se observan en el cuerpo del estómago. Esto es debido a la producción de amoníaco, que es citotóxico, y que la bacteria produce para contrarrestar y regular el pH a su favor, junto con proteasas, algunas fosfolipasas, la citotoxina A vacuolizante (VacA) y la expresión del gen CagA, que es considerado potencialmente cancerígeno.

Antes de la década de 1980, la mayoría de los expertos creían que *Helicobacter* era una bacteria comensal inofensiva que, por alguna razón, infectaba a las personas que tenían úlceras. Sin embargo, los médicos australianos Barry Marshall y John Robin Warren eran reacios a esta idea. Durante varios años realizaron estudios preliminares, cultivando *Helicobacter pylori* a partir de pacientes con úlcera péptica. La hipótesis contemplaba que *Helicobacter pylori* era el causante de las úlceras. La mayor parte de la comunidad científica recibió la conjetura con escepticismo, por lo que Barry decidió demostrar la hipótesis a las bravas.

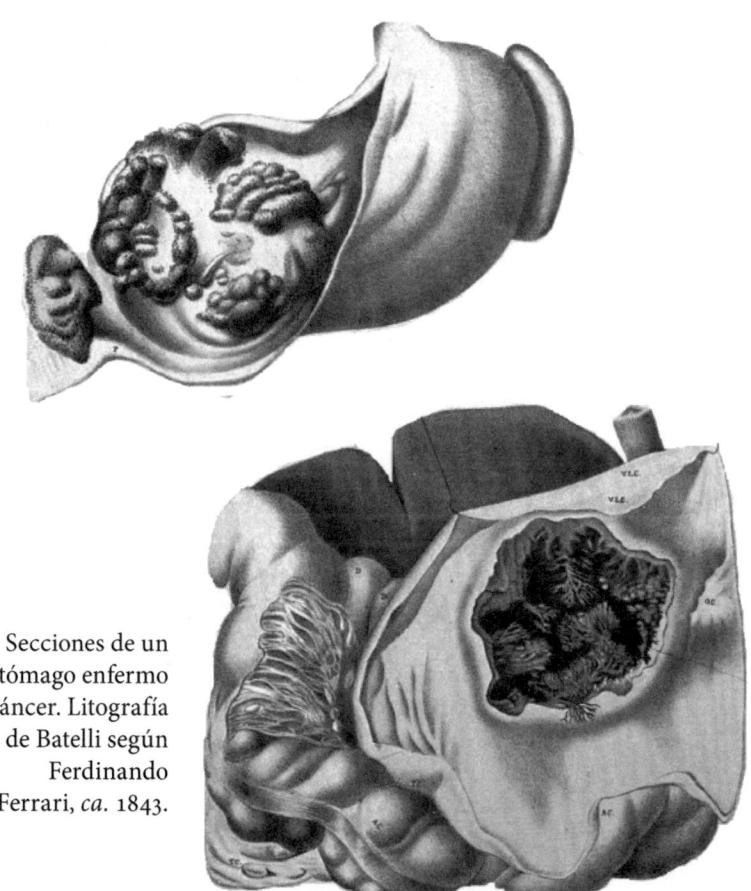

Secciones de un estómago enfermo de cáncer. Litografía de Batelli según Ferdinando Ferrari, *ca.* 1843.

En el verano de 1984, el científico australiano Neil Noakes raspó, de una placa de Petri, un cultivo de cuatro días de *Helicobacter pylori* y mezcló las bacterias con agua de peptona alcalina, un tipo nutritivo de caldo de carne que es usado para mantener vivos a los microorganismos en el laboratorio. Después llenó un vaso de precipitados de 200 mililitros con una cuarta parte del líquido marrón turbio. Acto seguido, entregó la mezcla a un colega, el gastroenterólogo Barry Marshall, que bebió el potingue de un trago y sin rechistar. Barry ayunó el resto del día. El experimento no tenía permiso de ningún tipo de comisión, ética o atlética. Muchos pensaban que Marshall estaba loco. Los primeros días no hubo síntomas, por lo que Barry trabajó con normalidad. Al tercer día de ingerir la bacteria, empezó la juerga. Tras tomar una modesta cena de fideos chinos, Marshall sintió náuseas y sensación de saciedad. En los días siguientes comenzó a vomitar. Una vez roto el hielo, no hubo freno, y cada día Barry vomitaba líquido viscoso. Estaba mareado, cansado y letárgico. Dormía mal y sudaba. Su esposa confirmó que tenía un aliento pútrido. Marshall sufría gastritis aguda. Una endoscopia aclaró el diagnóstico, confirmando la presencia de una infección bacteriana. El experimento había tenido éxito. *Helicobacter* era un patógeno probado.

En el año 2005, Barry Marshall y Robin Warren recibieron el Premio Nobel de Fisiología por su trabajo pionero sobre *Helicobacter pylori*. En palabras del Comité Nobel, fueron honrados por descubrir la bacteria *Helicobacter pylori* y el papel del microorganismo en la gastritis y la úlcera péptica. El Comité agregó que, gracias al descubrimiento pionero de Marshall y Warren, la enfermedad de la úlcera péptica ya no era una afección crónica y frecuentemente incapacitante, sino una enfermedad curable con un régimen breve de antibióticos e inhibidores de la secreción de ácido.

## 📖 PARA LEER MÁS:

ALEXANDER, Sneha Mary (2021). «*Helicobacter pylori* in Human Stomach: The Inconsistencies in Clinical Outcomes and the Probable Causes». *Frontiers in Microbiology* 12: 713955.

ARTOLA-BORÁN, Mariela (2022). «Mycobacterial infection aggravates *Helicobacter pylori*-induced gastric preneoplastic pathology by redirection of de novo induced Treg cells». *Cell Reports* 38: 110359.

LIN, Yongtian (2022). «Time Trend of Upper Gastrointestinal Cancer Incidence in China from 1990 to 2019 and Analysis Using an Age-Period-Cohort Model». *Current Oncology* 29: 7470-7481.

MESTRE, Andrea (2022). «Role of Probiotics in the Management of *Helicobacter pylori*». *Cureus* 14 (6): e26463.

MOODLEY, Yoshan (2021). «*Helicobacter pylori*'s historical journey through Siberia and the Americas». *PNAS* 118 (25): e2015523118.

MORGAN, Eileen (2022). «The current and future incidence and mortality of gastric cancer in 185 countries, 2020-40: A population-based modelling study». *EClinical Medicine* 47: 101404.

SONG, Yexun (2022). «The global, regional and national burden of stomach cancer and its attributable risk factors from 1990 to 2019». *Scientific Reports* 12: 11542.

YANG, Yihan (2022). «An Overview of Autophagy in *Helicobacter pylori* Infection and Related Gastric Cancer». *Frontiers in Cellular and Infection Microbiology* 12: 847716.

# OPERACIÓN NUTS

En mayo de 2023, el Servicio de Protección de la Naturaleza de la Guardia Civil y el Servicio de Vigilancia Aduanera de la Agencia Tributaria española, en el marco de la operación Nuts, procedieron a la intervención de 25 toneladas de almendras, procedentes de Australia, que contenían niveles elevadísimos de aflatoxinas, un tipo de peligrosas micotoxinas producidas por hongos del género *Aspergillus*, en especial *Aspergillus flavus* y *Aspergillus parasiticus.*

*Aspergillus* infecta con frecuencia los frutos del almendro antes de cosechar, cuando todavía están en los árboles, pero la contaminación también puede ocurrir después de la cosecha, durante el almacenamiento y la distribución. En esta ocasión, los delincuentes, empleando documentación falsa y certificados amañados, intentaron introducir en el mercado un producto extremadamente perjudicial para la salud, con el objetivo de obtener un rendimiento económico sustancial, porque la cotización de la almendra suele ser considerable. Por poner un ejemplo, en la Lonja de Reus, el 3 de abril de 2023, la almendra marcó una cotización de 4,65 €/kg para la variedad belona, 4,85 €/kg para la largueta, 5,70 €/kg para la ecológica y 6,60€/kg para la marcona.

Estados Unidos es, con diferencia, el principal productor de almendra, con el 79 % mundial, seguido muy de lejos de Australia, con un 7 %, y de España, con un 4 % del total. California produce tal cantidad de almendras que el valor de mercado de su producción supera los 5400 millones de dólares anuales. Por la cuenta que le trae, la industria de la almendra cuenta con programas y procedimientos específicos para minimizar la presencia de aflatoxinas en cada etapa de la producción. Sin embargo, la almendra no es una víctima aislada. Los cultivos que con frecuencia son afectados por *Aspergillus* incluyen cereales (maíz, sorgo, trigo y arroz), semillas oleaginosas (soja, cacahuete, girasol y semillas de algodón), especias (ají, pimienta negra, cilantro, cúrcuma y jengibre) y frutos secos (pistacho, almendra, nuez y nueces de Brasil).

Las aflatoxinas fueron descubiertas por primera vez en el Reino Unido en 1960, cuando miles de pavos murieron de repente, como resultado de una afección desconocida que recibió el nombre de «enfermedad del pavo X». Tras varias pesquisas, urgentes y razonadas, la catástrofe fue atribuida al consumo de harina de cacahuete contaminada con el hongo *Aspergillus flavus*. Inmediatamente, también se relacionó el consumo de alimentos contaminados con aflatoxinas con la aparición de brotes en humanos —algunos, de envergadura—. Por ejemplo, en 1974 fue notificado un brote importante de hepatitis, debido a la ingesta de aflatoxinas, en los estados de Gujrat y Rajasthan, en la India, que

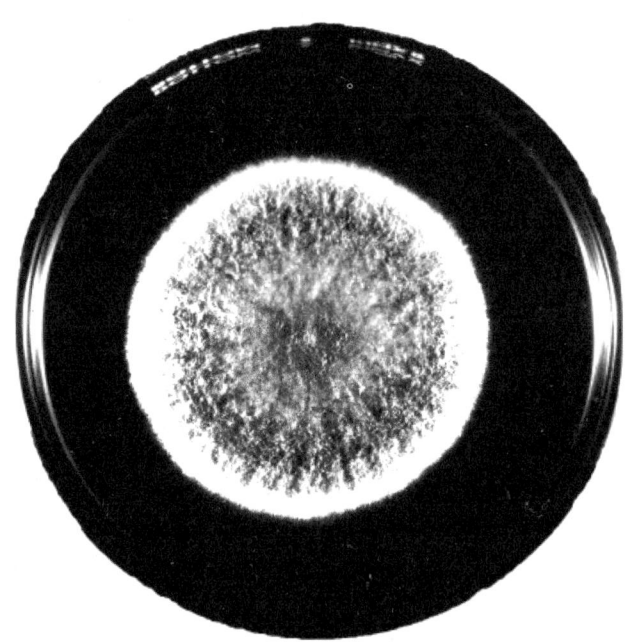

*Aspergillus flavus* creciendo en una placa de Petri.
Public Health Image Library (PHIL).

provocó unas 106 muertes. El brote duró dos meses y estuvo limitado a los pueblos tribales cuyo principal alimento básico, el maíz, contenía aflatoxinas de *Aspergillus flavus*. En la misma línea, el brote de aflatoxicosis aguda ocurrido en el año 2004 en Kenia es considerado uno de los episodios históricos más graves de intoxicación humana por aflatoxinas. Hasta el 20 de julio de 2004 fueron notificados un total de 317 casos, con una tasa de letalidad del 39 %. Esta epidemia resultó de la ingestión de maíz contaminado con micotoxinas de *Aspergillus flavus*.

Hay tres clases de aflatoxinas. Las aflatoxinas B y G son producidas por *Aspergillus flavus*, mientras que la aflatoxina M es un metabolito de la aflatoxina B. La aflatoxina M es originada en el hígado y almacenada en la leche de humanos y animales. A principios del año 2013, fueron detectadas altas concentraciones de aflatoxina M1 en la leche a granel de algunas granjas lecheras de los Países Bajos. Estas altas concentraciones fueron causadas por maíz

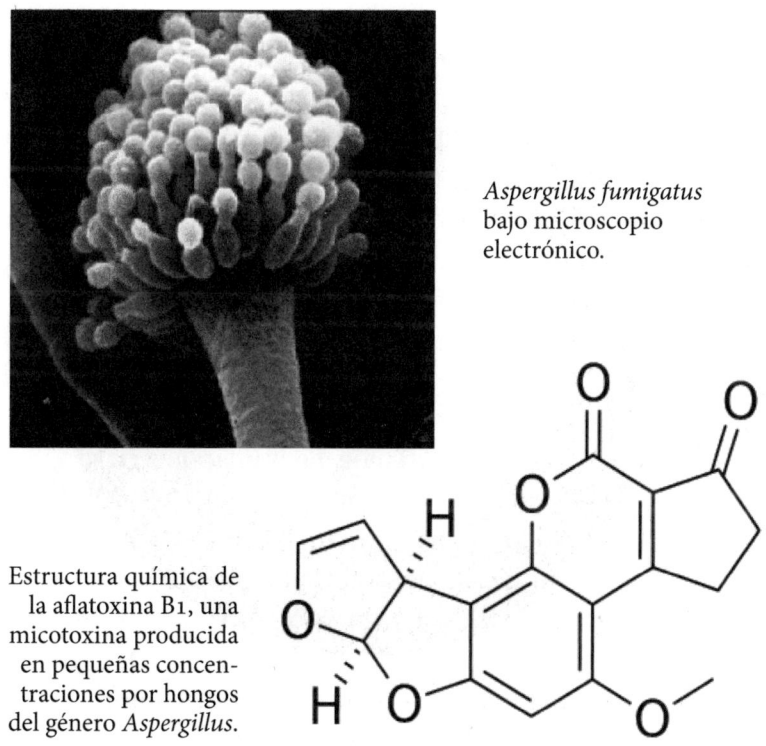

*Aspergillus fumigatus* bajo microscopio electrónico.

Estructura química de la aflatoxina B1, una micotoxina producida en pequeñas concentraciones por hongos del género *Aspergillus*.

contaminado con aflatoxina B1, proveniente de Europa del Este, que había sido utilizado para elaborar piensos compuestos, destinados a la alimentación de vacas lecheras. Dado que la contaminación fue descubierta en las etapas posteriores de la cadena de suministro, numerosos países estuvieron involucrados, lo que resultó en enormes pérdidas financieras directas totales, estimadas entre 12 y 25 millones de euros. La mayor parte, alrededor del 60 %, de las pérdidas totales la sufrieron los comerciantes de maíz. Cerca del 39 % de las pérdidas totales correspondieron a la industria de piensos, y menos del 1 % de las pérdidas totales concernieron al sector lácteo. Hasta la fecha, han sido identificadas más de veinte aflatoxinas diferentes, aunque las aflatoxinas B1 (AFB1), B2 (AFB2), G1 (AFG1), G2 (AFG2) y M1 (AFM1) son las más comunes.

En marzo de 2020, la Autoridad Europea de Seguridad Alimentaria (EFSA) evaluó los riesgos para la salud humana relacionados con la presencia de aflatoxinas en los alimentos y emitió un dictamen científico al respecto, confirmando las conclusiones previas, que sostienen que las aflatoxinas son genotóxicas y carcinógenas. De hecho, la exposición dietética crónica a las aflatoxinas causa problemas de salud sustanciales, tanto en humanos como en animales, que incluyen un desarrollo y una eficiencia de alimentación más lentos, deterioro de la función hepática y renal, sistemas inmunitarios debilitados y otros trastornos graves, como, por ejemplo, la aparición de carcinomas hepatocelulares.

La aflatoxina B1 (AFB1) es la más potente de todas las micotoxinas. Cuando es ingerida, las enzimas CYP450 hepáticas convierten a la aflatoxina B1 en exo-8,9-epóxido de aflatoxina B1, una molécula más tóxica que causa alteración del ciclo celular y mutaciones del gen supresor de tumores p53. En 1993 la aflatoxina B1 fue clasificada, por la Agencia Internacional para la Investigación del Cáncer (IARC), como carcinógeno humano de clase 1, porque afecta al hígado y puede ser la principal causa de casos de toxicidad aguda, toxicidad crónica, carcinogenicidad, teratogenicidad, genotoxicidad e inmunotoxicidad.

En consecuencia, de la incidencia mundial total de carcinoma hepatocelular, casi 850.000 casos nuevos por año, las aflatoxinas pueden representar hasta el 28 % de la carga mundial de cáncer de hígado. Esto es especialmente cierto en las personas que están infectadas por el virus de la hepatitis B (VHB) y están crónicamente expuestas a la aflatoxina. Estas personas tienen treinta veces más probabilidades de contraer cáncer de hígado, en comparación con las personas que no están infectadas con el VHB. Lamentablemente, se ha estimado que la exposición crónica a las aflatoxinas amenaza a más de la mitad de la población mundial; en particular, a las personas que viven en países en desarrollo. Además, por si fuera poco, la IARC clasifica a la aflatoxina M1 como un posible carcinógeno del grupo 2B.

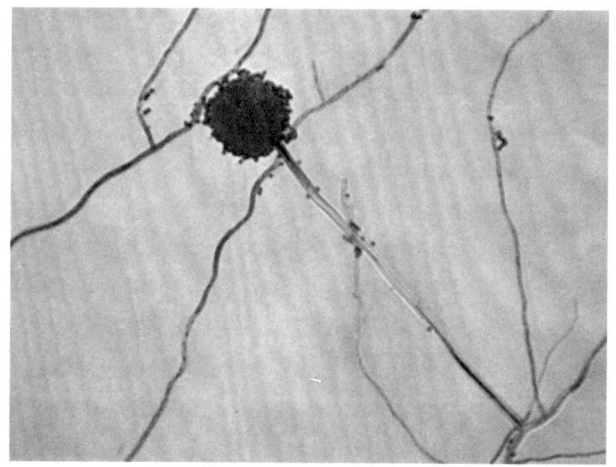

Microfotografía de la cabeza conidial del hongo *Aspergillus niger.*

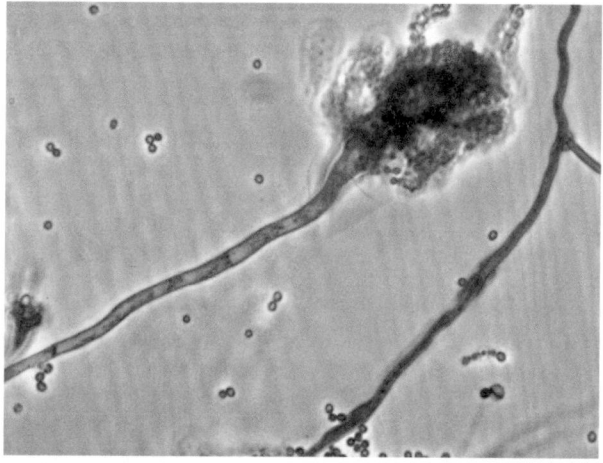

Microfotografía del conidióforo del organismo fúngico *Aspergillus fumigatus.*

Las aflatoxinas no están solas en este *fregao*. Ojito con las consecuencias de ingerir otros tipos de micotoxinas. Sin ir más lejos, *Fusarium*, un extenso género de hongos, libera más de una docena de micotoxinas conocidas como fumonisinas, tricotecenos y zearalenona. Las fumonisinas son producidas por *Fusarium verticilloides* y *Fusarium proliferatum*, y fueron aisladas por primera vez en 1988 en Sudáfrica. La Agencia Internacional para la Investigación del Cáncer (IARC) ha clasificado a las fumonisinas como posibles carcinógenos humanos. Varios informes indican que causan cáncer de esófago en humanos en Sudáfrica, China e Italia.

En los animales, los caballos son más sensibles a la toxicidad de las fumonisinas. En estos animales causan leucoencefalomalacia equina (ELEM), un tipo de desorden neurológico específico, caracterizado por signos nerviosos de comienzo súbito, debidos a la necrosis licuefactiva de la sustancia blanca del cerebro, que culmina irremediablemente con la muerte. En general, los órganos más afectados por el consumo de fumonisinas son páncreas, hígado y riñones, con aumento de peso y necrosis. El consumo de cereales contaminados con fumonisinas ha sido correlacionado con el cáncer de esófago en humanos. De hecho, la fumonisina B1 produce disfunción hepática y renal, cáncer de esófago, defectos cerebrales y de la médula espinal.

Entre estas sustancias indeseables, también podemos incluir a la ocratoxina A (OTA), una micotoxina producida por varias especies de hongos, incluidos *Aspergillus ochraceus*, *Aspergillus carbonarius*, *Aspergillus niger* y *Penicillium verrucosum*. La ocratoxina A causa nefrotoxicidad y tumores renales en varias especies animales. Sin embargo, los datos disponibles de los estudios epidemiológicos son inadecuados para evaluar la relación entre el cáncer humano y la exposición específica a esta micotoxina.

En febrero de 2018, la Organización Mundial de la Salud (OMS) informó que las aflatoxinas y los problemas asociados solo pueden ser controlados mediante un enfoque integrado, y solicitó la implementación de diferentes estrategias para minimizar el riesgo de intoxicación. Este control incluye la eliminación de las fuentes de contaminación, promover mejores técnicas agrícolas y de almacenamiento, asegurar los recursos adecuados para el diagnóstico temprano, hacer cumplir estrictas normas de seguridad alimentaria, informar y educar a los consumidores y a los pequeños agricultores/productores de subsistencia, fomentar una mejor alimentación y manejo de los cultivos y del ganado, y crear conciencia pública sobre la prevención de la contaminación por aflatoxinas.

📖 PARA LEER MÁS:

DAOU, Rouaa (2023). «Public health risk associated with the co-occurrence of aflatoxin B1 and ochratoxin A in spices, herbs, and nuts in Lebanon». *Frontiers in Public Health* 10: 1072727.

EKWOMADU, Theodora (2022). «Mycotoxin-Linked Mutations and Cancer Risk: A Global Health Issue». *International Journal of Environmental Research and Public Health* 19 (13): 7754.

FERRARI, Luca (2023). «Compliance between Food and Feed Safety: Eight-Year Survey (2013-2021) of Aflatoxin M1 in Raw Milk and Aflatoxin B1 in Feed in Northern Italy». *Toxins (Basel)* 15 (3): 168.

FOCKER, Marlous (2021). «Financial losses for Dutch stakeholders during the 2013 aflatoxin incident in Maize in Europe». *Mycotoxin Research* 37: 193-204.

KENSLER, Thomas (2011). «Aflatoxin: A 50-Year Odyssey of Mechanistic and Translational Toxicology». *Toxicological Sciences* 120: S28-S48.

KORTEI, Nii (2022). «Aflatoxin M1 exposure in a fermented millet-based milk beverage "brukina" and its cancer risk characterization in Greater Accra, Ghana». *Scientific Reports* 12: 12562.

SCHINCAGLIA, Andrea (2023). «Current Developments of Analytical Methodologies for Aflatoxins' Determination in Food during the Last Decade (2013–2022), with a Particular Focus on Nuts and Nut Products». *Foods* 12 (3): 527.

# EL ESPECTÁCULO DEBE CONTINUAR

El espectáculo debe continuar,
el espectáculo debe continuar,
por dentro mi corazón se rompe,
mi maquillaje quizás se esté desconchando,
pero mi sonrisa todavía permanece.

El estribillo pertenece a la canción *The show must go on*, un temazo pata negra grabado por la banda de *rock* británica Queen e incluido en el álbum *Innuendo*. La canción, compuesta por el guitarrista Brian May, era una despedida, aunque poca gente conocía el secreto que encerraba. En el Reino Unido fue lanzada como sencillo el 14 de octubre de 1991, pocas semanas antes de la muerte de Freddie Mercury, el gigantesco y emblemático vocalista de Queen.

No es casualidad que el tema fuera colocado como el último *track* de *Innuendo*. La banda sabía que la salud de Freddie pendía de un hilo y estaba muy deteriorada, consecuencia del sida galopante que padecía, por lo que intuían que quizás estuvieran ante el último disco de Mercury. Dadas las circunstancias, Brian dudaba de la capacidad vocal de su debilitado compañero, pero Freddie tranquilizó al guitarrista. «Está todo *okey*, lo haré, cariño», dijo decidido. Acto seguido, tomó un trago de vodka y cantó *The show must go on* con el esplendor y la jerarquía de un coro atiborrado de querubines y serafines. Fue increíble. «Freddie se apoyó contra la consola y... realizó una de las interpretaciones más extraordinarias de su vida», recordó Brian May años más tarde. Contra pronóstico, las sesiones de grabación fueron fructíferas, y Freddie dejó listas suficientes canciones para que, en 1995, fuera publicado un álbum póstumo titulado *Made In Heaven*. La tenacidad y el esfuerzo inagotable de Mercury engendró *Made In Heaven*, a sabiendas de que él no podría disfrutarlo.

El 23 de noviembre de 1991, Freddie Mercury anunció que tenía sida. El comunicado oficial rezaba lo siguiente:

> Respondiendo a las informaciones y conjeturas que sobre mí han aparecido en la prensa desde hace dos semanas, deseo confirmar que he dado positivo en las pruebas del virus y que tengo el sida. Es hora de que mis amigos y mis *fans* en todo el mundo sepan la verdad y deseo que todos se unan a mí, a mis médicos y a todos los que padecen esta terrible enfermedad para luchar contra ella.

Freddie falleció al día siguiente, con tan solo 45 años, por una bronconeumonía rastrera, que permaneció, durante varias jornadas, aferrada con uñas y dientes a los pulmones del intérprete, favorecida por las malas mañas del virus de la inmunodeficiencia humana (VIH), que había infectado al cantante años atrás.

Queen (*ca.* 1977). De izquierda a derecha: Freddie Mercury, John Deacon, Brian May y Roger Taylor.

En la Pascua de 1987, tras la muerte por sida de dos antiguos amantes, Mercury decidió someterse a las pruebas de detección del VIH. El análisis corroboró el peor presagio. Freddie estaba infectado. El cantante confesó el diagnóstico a su pareja, un peluquero y estilista irlandés llamado Jim Hutton, con el que había comenzado una relación sentimental el 23 de marzo de 1985. Freddie propuso la separación, acaso por una mezcla de responsabilidad y amor, pero Jim no aceptó. «Yo te amo Freddie, y no me voy a ir a ningún lado, contestó».

En 1990 Hutton tuvo constancia de que había contraído el VIH, pero omitió la información hasta 1991, poco antes de la muerte de Freddie. Jim Hutton falleció en Carlow, Irlanda, el 1 de enero de 2010, a causa de un cáncer de pulmón. Tenía 61 años.

En julio de 1981, los Centros para el Control de Enfermedades de los Estados Unidos informaron de un grupo de casos de sarcoma de Kaposi (KS) en 26 hombres homosexuales en New York y California. Este informe, junto con otro del mes anterior, que describía seis casos de neumonía por *Pneumocystis carinii* (ahora *Pneumocystis jirovecii*) adquirida en la comunidad, fueron los primeros indicios de la pandemia mundial de sida, que desde entonces ha matado a más de 36 millones de personas en todo el mundo.

Pronto fue evidente que este nuevo trastorno de inmunodeficiencia era causado por un retrovirus desconocido que recibió el nombre de «virus de la inmunodeficiencia humana» (VIH). El VIH estaba asociado con un marcado aumento de ciertos tumores, en especial el sarcoma de Kaposi (KS) y linfomas de células B, pero no con otros. Antes de eso, el sarcoma de Kaposi era considerado un tumor de piel extremadamente raro en los Estados Unidos, y su asociación particular con el VIH/SIDA en hombres homosexuales fue, de inicio, bastante desconcertante. Sin embargo, en 1994, el equipo de Patrick Moore y Yuan Chang demostró que el sarcoma de Kaposi era causado por un herpesvirus inédito, al que llamaron «herpesvirus asociado al sarcoma de Kaposi» (KSHV), y que también es conocido como «herpesvirus humano-8» (HHV-8). Con este descubrimiento, quedó claro que la mayoría de los tumores cuya incidencia aumenta con el VIH/SIDA son causados por virus tumorales oncogénicos, fundamentalmente el KSHV, el virus de Epstein Barr (EBV) y el virus del papiloma humano (HPV).

Es evidente que las personas infectadas con el virus de la inmunodeficiencia humana tienen un mayor riesgo de desarrollar cáncer que las personas sin VIH, posiblemente debido a la inmunodeficiencia inducida por el virus, las coinfecciones oncogénicas y, en ciertos entornos, a una mayor prevalencia de consumo de tabaco y alcohol.

Por desgracia, la infección por VIH sigue estando relacionada con cánceres asociados a agentes infecciosos clasificados como cancerígenos para los humanos por la Agencia Internacional para la Investigación del Cáncer. De hecho, el sarcoma de Kaposi (KS), algunos subtipos de linfoma no Hodgkin (LNH) y el cáncer de cuello uterino, que son causados por virus, en pacientes con VIH, están asociados con la aparición del síndrome de inmunodeficiencia adquirida (sida).

Es conocido que el VIH puede dañar el sistema inmunológico, lo que permite el desarrollo de ciertos tipos de cáncer, llamados «cánceres oportunistas», que son considerados definitorios del sida. Estos tipos de cáncer ocurren con tanta frecuencia en personas con sida que su presencia en una persona infectada con el VIH es una señal de que ha desarrollado el síndrome de inmunodeficiencia adquirida (sida). El sarcoma de Kaposi, el linfoma no Hodgkin y el cáncer de cuello uterino son considerados cánceres que definen el sida. En comparación con la población general, las personas infectadas por el VIH tienen unas quinientas veces más probabilidades de sufrir sarcoma de Kaposi; doce veces más probabilidades de padecer linfoma no Hodgkin, y, entre las mujeres, tres veces más probabilidades de desarrollar cáncer de cuello uterino.

Por suerte, la introducción en 1996 de la terapia antirretroviral altamente activa ha reducido los riesgos de desarrollar algunos de los cánceres vinculados a la enfermedad, como son el sarcoma de Kaposi y el linfoma no Hodgkin, aunque las tendencias para otros tipos de cáncer son menos claras. Por ejemplo, un estudio realizado en Estados Unidos informó que, durante el periodo de 2001 a 2015, el 9,2 % de las muertes en personas que viven con el VIH fueron atribuibles a cánceres no definitorios de sida, en comparación con el 5,0 % de las muertes atribuibles a cánceres estrechamente relacionados con el desarrollo del sida. Los datos apuntan a que las personas infectadas por el VIH tienen un riesgo mayor de desarrollar varios tipos de cáncer, encuadrados en los denominados colectivamente «cánceres que no definen el sida». Estas otras malignidades incluyen cánceres de ano, hígado, cavidad oral y faringe, pulmón y linfoma de Hodgkin. Las personas infectadas por el VIH, en comparación con la población en general, tienen diecinueve veces más probabilidad de ser diagnosticadas con cáncer de ano; tres veces más probabilidad de ser diagnosticadas con cáncer de hígado; dos veces más probabilidad de ser diagnosticadas con cáncer de pulmón; cerca de dos veces más probabilidad de ser diagnosticadas con cáncer de la cavidad oral y faringe, y cerca de ocho veces más probabilidad de ser diagnosticadas con linfoma de Hodgkin.

Varios factores contribuyen al aumento de la incidencia del cáncer en las personas infectadas con VIH. Por ejemplo, tienen estimulación antigénica crónica, inflamación y desregulación de citocinas, lo que contribuye al desarrollo de linfoma y otros tipos de cáncer. Además, las personas en riesgo de infección por el VIH tienen mayores tasas de infección por oncovirus que son transmitidos por vía sexual, y la prevalencia aumenta en personas con múltiples contactos sexuales. Así, las mujeres que viven con el virus de la inmunodeficiencia humana tienen un mayor riesgo de contraer displasia cervical de alto grado relacionada con el virus del papiloma humano (VPH), que puede progresar a cáncer de cuello uterino. Por si fuera poco, ha sido estimado que la prevalencia de la carcinogenicidad del virus del papiloma humano (VPH) en la cavidad oral es cercana al 7 % para la población general y del 14 % para la población infectada por el VIH. La incidencia más alta de cáncer de hígado, entre las personas infectadas por el VIH, parece estar relacionada con una infección más frecuente con el virus de la hepatitis C.

Del mismo modo, la prevalencia del tabaquismo es alta en algunas poblaciones de personas con VIH, lo que contribuye a una mayor incidencia de cáncer de pulmón y otros cánceres relacionados con el consumo de tabaco. La inflamación pulmonar crónica ha sido asociada con un aumento en el riesgo de padecer cáncer de pulmón, y se ha observado un mayor riesgo de enfermedad pulmonar obstructiva crónica entre la población seropositiva, debido a su alta tasa de tabaquismo. En los Estados Unidos de América, por ejemplo, aproximadamente entre el 60 y el 70 % de las personas que viven con el virus de la inmunodeficiencia humana son fumadores o exfumadores, el doble de la prevalencia encontrada en la población no infectada por el VIH. Por lo tanto, la infección por VIH también puede predisponer al desarrollo de cáncer de pulmón. Además, la infección por VIH también aumenta la incidencia de neumonía, lo que a su vez incrementa el riesgo de cáncer de pulmón en esta población. Del mismo modo, es oportuno mencionar que, en una población VIH positiva que envejece, existe una proporción cada vez mayor de cánceres; por ejemplo, cáncer de colon, mama y próstata, ya que son cánceres incidentales comunes.

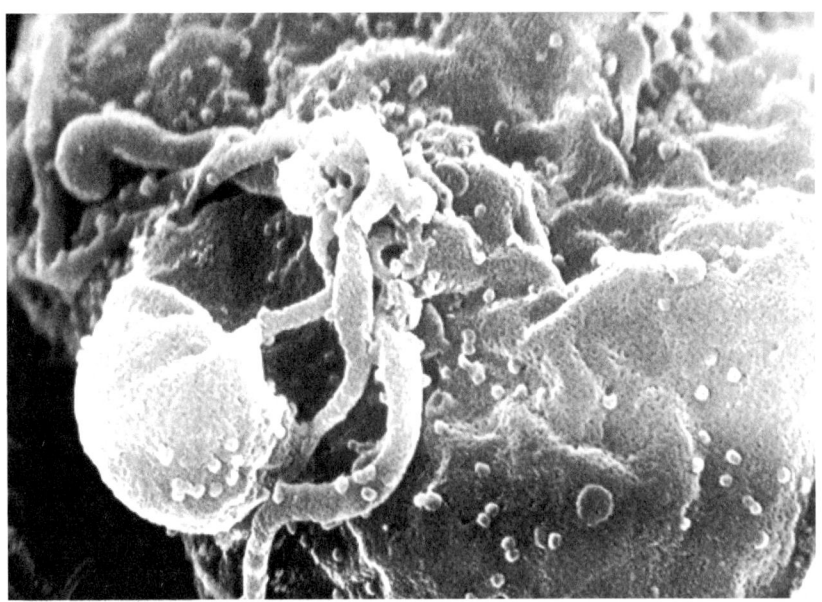

Micrografía electrónica de barrido del VIH-1 sobre linfocitos cultivados. Las múltiples protuberancias redondas en la superficie celular representan sitios de ensamblaje y penetración de viriones. (Centers for Disease Control and Prevention's Public Health Image Library, PHIL).

Las personas infectadas por el VIH pueden reducir el riesgo de desarrollar un cáncer temprano siguiendo la terapia retroviral, porque reduce la posibilidad de aparición del sida; vacunándose contra los virus que pueden ocasionar cáncer; realizando chequeos médicos regulares; manteniendo alejados el tabaco y el humo que genera; alcanzando y manteniendo un peso apropiado; ingiriendo una dieta saludable; realizando actividad física de forma regular; evitando las drogas y el alcohol, y limitando la exposición solar.

## 📖 PARA LEER MÁS:

CARBONE, Antonino (2022). «Hematologic cancers in individuals infected by HIV». *Blood* 139 (7): 995-1012.

GROVER, Surbhi (2023). «Cervical cancer screening in HIV-endemic countries: An urgent call for guideline change». *Cancer Treatment and Research Communications* 34: 100682.

HAAS, Cameron (2022). «Trends and risk of lung cancer among people living with HIV in the USA: a population-based registry linkage study». *The Lancet HIV* 9(10): e700-e708.

KNETTEL, Brandon (2021). «HIV, Cancer, and Coping: The Cumulative Burden of a Cancer Diagnosis among People Living with HIV». *Journal of Psychosocial Oncology* 39 (6): 734-748.

QING, Yulan (2023). «Impact of age, antiretroviral therapy, and cancer on epigenetic aging in people living with HIV». *Cancer Medicine* 00: 1-10.

RUFFIEUX, Yann (2023). «Age and Cancer Incidence in 5.2 Million People With Human Immunodeficiency Virus (HIV): The South African HIV Cancer Match Study». *Clinical Infectious Diseases* 76 (8): 1440-1448.

YARCHOAN, Robert (2018). «HIV-Associated Cancers and Related Diseases». *The New England Journal of Medicine* 378 (11): 1029-1041.

YUAN, Tanwei (2022). «Incidence and mortality of non-AIDS-defining cancers among people living with HIV: A systematic review and meta-analysis». *eClinicalMedicine* 52: 101613.

# SARCOMA DE KAPOSI

El herpesvirus humano 8 (HHV-8), también llamado «herpesvirus asociado al sarcoma de Kaposi» (KSHV), causa ciertos tipos de linfoma y, además, el denominado «sarcoma de Kaposi», un cáncer raro en el que crecen lesiones en la piel, los ganglios linfáticos, el revestimiento de la boca, la nariz y la garganta, y otros tejidos del cuerpo. Otros herpesvirus, como el herpesvirus humano 6 (HHV-6) y el herpesvirus humano 7 (HHV-7), parecen estar vinculados a muchos cánceres linfoproliferativos, así como de otros tipos, incluidos linfoma pediátrico, linfoma de Hodgkin, linfoma no Hodgkin, leucemia aguda, carcinoma basocelular y glioma.

Históricamente, en la década de 1980, el sarcoma de Kaposi surgió como una manifestación cutánea frecuente y de reconocimiento sencillo del síndrome de inmunodeficiencia adquirida (SIDA). La inmunosupresión, en especial la causada por el sida, aumenta notablemente la probabilidad de aparición de sarcoma de Kaposi en aquellas personas que presentan infección por HHV-8. Así, a finales del siglo XX, el sarcoma de Kaposi quedó convertido en un potente recordatorio visual de la aparición y crecimiento de una epidemia emergente. La visibilidad incontestable del sarcoma de Kaposi transformó a la enfermedad en un marcador estigmatizador de la infección por el virus de la inmunodeficiencia humana (VIH), mientras avanzaba hacia el sida, y a menudo servía como un presagio funesto para las personas infectadas.

Comenzada la década de 1990, el sarcoma de Kaposi era el protagonista habitual de malas noticias, y la industria cinematográfica decidió incluir la enfermedad en el reparto de algunos largometrajes importantes, entre los que destacó *Philadelphia*, una película dirigida por Jonathan Demme, protagonizada por Tom Hanks y Denzel Washington, y estrenada el 22 de diciembre de 1993. En el filme, el joven y prometedor abogado Andy Beckett, interpretado por Tom Hanks, descubre que tiene una lesión de sarcoma de Kaposi en la frente y supone que padece sida. Beckett lucha por ocultar la enfermedad, pero no lo consigue y es despedido del bufete. El cese es marrullero e improcedente, por lo que, necesitado de defensa legal, Beckett contrata a Joe Miller, un abogado homofóbico interpretado por Denzel Washington. La batalla es larga y conmovedora. En una de las

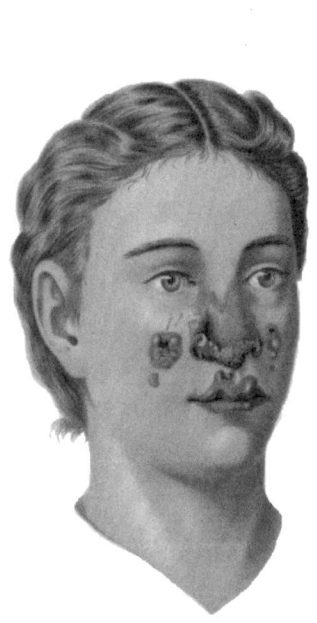

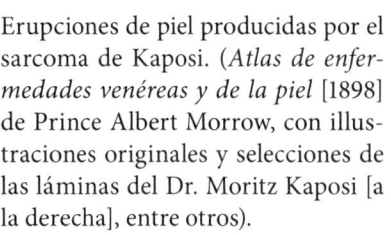

Erupciones de piel producidas por el sarcoma de Kaposi. (*Atlas de enfermedades venéreas y de la piel* [1898] de Prince Albert Morrow, con illustraciones originales y selecciones de las láminas del Dr. Moritz Kaposi [a la derecha], entre otros).

escenas culminantes, Beckett, ubicado en el estrado de los testigos, revela su torso lleno de lesiones de sarcoma de Kaposi a la sala del tribunal, que queda conmocionada.

En diciembre de 1994, justo un año después del estreno de *Philadelphia*, investigadores del Departamento de Patología del Colegio de Médicos y Cirujanos de la Universidad de Columbia en New York publicaron que habían detectado, por primera vez, el HHV-8 en tejidos de sarcoma de Kaposi de un paciente con sida.

Desde el descubrimiento inicial, el HHV-8 ha sido encontrado en todas las formas de sarcoma de Kaposi, la clásica, la endémica y la adquirida iatrogénicamente asociada al sida. Además, estudios de biología molecular, seroepidemiológica y celular han confirmado el papel patógeno del HHV-8 en otras neoplasias malignas, como la enfermedad de Castleman multicéntrica y el linfoma de efusión primaria.

La enfermedad de Castleman multicéntrica afecta a muchos grupos de ganglios linfáticos y al tejido linfoide de todo el cuerpo. Puede debilitar el sistema inmunológico y causar problemas como infecciones, fiebre, pérdida de peso, fatiga, sudores nocturnos, daño a los nervios y anemia. Las personas con enfermedad de Castleman tienen un riesgo más alto de linfoma. El linfoma de efusión primaria es un linfoma no Hodgkin de células B de gran malignidad que está caracterizado por la acumulación anormal de líquido en una cavidad del cuerpo.

Al igual que todos los herpesvirus, el HHV-8 establece una infección persistente de por vida en su huésped humano y muestra dos modos de infección, la replicación latente y la lítica. El virus causa predominantemente una infección latente, pero la inmunosupresión contribuye significativamente al desarrollo de enfermedades relacionadas con el HHV-8, porque los genes expresados, tanto en la infección latente como en la lítica de las células, pueden desempeñar un papel clave en la tumorogénesis. La mayoría de las personas con infección latente por HHV-8 son asintomáticas. Los niños inmunocompetentes y los receptores de trasplantes de órganos infectados con HHV-8 pueden desarrollar un síndrome de infección primaria que consiste en fiebre, erupción cutánea, linfadenopatía, insuficiencia de la médula ósea y, ocasionalmente, progresión rápida a sarcoma de Kaposi.

A nivel mundial, la seroprevalencia del HHV-8 es muy heterogénea según las regiones del mundo y las diferentes poblaciones. África subsahariana tiene la tasa más alta de infección con HHV-8, con aproximadamente el 50 % de la población seropositiva en algunas áreas. La seroprevalencia es de, aproximadamente, el 10 % en China, del 10 % en el Mediterráneo (acercándose al 30 % en áreas de Italia) y del 5 % al 6 % en los Estados Unidos y el norte de Europa. El análisis epidemiológico molecular del marco de lectura abierto K1 (ORF-K1) ha permitido identificar ocho subtipos de HHV-8 (A, A5, B, C, D, E, F y Z). Los subtipos A y C aparecen en Europa, Norteamérica, Oriente Medio y el norte de Asia. Los subtipos B y A5 son característicos de África. El subtipo D es común en las islas del Pacífico y en Taiwán. El subtipo E afecta a nativos americanos y brasileños. El subtipo F fue identificado por primera vez en Uganda y ha sido descrito recientemente en Francia. Y el subtipo Z es típico de una pequeña cohorte de niños de Zambia. Los pacientes que son seropositivos para HHV-8 y muestran viremia para el herpesvirus humano 8 tienen un mayor riesgo —aproximadamente, nueve veces— de desarrollar sarcoma de Kaposi, en comparación con aquellos que no tienen viremia. La viremia del HHV-8 suele acompañar a los episodios sintomáticos de la enfermedad multicéntrica de Castleman.

Incluso antes de la epidemia del VIH, la progresión de HHV-8 a sarcoma de Kaposi endémico era particularmente alta en África ecuatorial. En zonas de Uganda, Tanzania y la República Democrática del Congo, la incidencia de por vida del sarcoma de Kaposi rondaba la cifra de 16 afectados por cada 1000 habitantes, lo que le valió a la región el sobrenombre de «cinturón del sarcoma de Kaposi». El cinturón se extiende desde la costa de Camerún a través del noreste de la República Democrática del Congo y baja por el Valle del Rift hasta Malawi, incluyendo Uganda, Tanzania y Zambia. En esta área, el sarcoma de Kaposi aparece entre los cánceres pediátricos más comunes, a menudo solo superado por el linfoma de Burkitt. En el año 2020, a nivel global, unas 34.270 personas fueron diagnosticadas con sarcoma de Kaposi y 15.086 murieron. Por fortuna, los tratamientos combinados actuales, destinados a combatir el VIH/SIDA, están mejorando la tasa de supervivencia, al reducir drásticamente la incidencia de sarcoma de Kaposi en pacientes infectados.

Hoy en día, el anticuerpo monoclonal quimérico rituximab es recomendado para el tratamiento de la enfermedad de Castleman multicéntrica asociada a HHV-8. Rituximab, en combinación con doxorrubicina liposomal, ha sido eficaz en pacientes con enfermedad grave. La administración de etopósido, una vez a la semana durante cuatro semanas, junto con rituximab ayuda a prevenir recaídas.

La transmisión del HHV-8 a través de la saliva parece ser la ruta principal de infección, no solo en familias de regiones endémicas, sino también entre grupos de alto riesgo en países occidentales. Sin embargo, la transmisión sexual y la relacionada con la transfusión sangre y los trasplantes de órganos sigue siendo motivo de gran preocupación en todo el mundo.

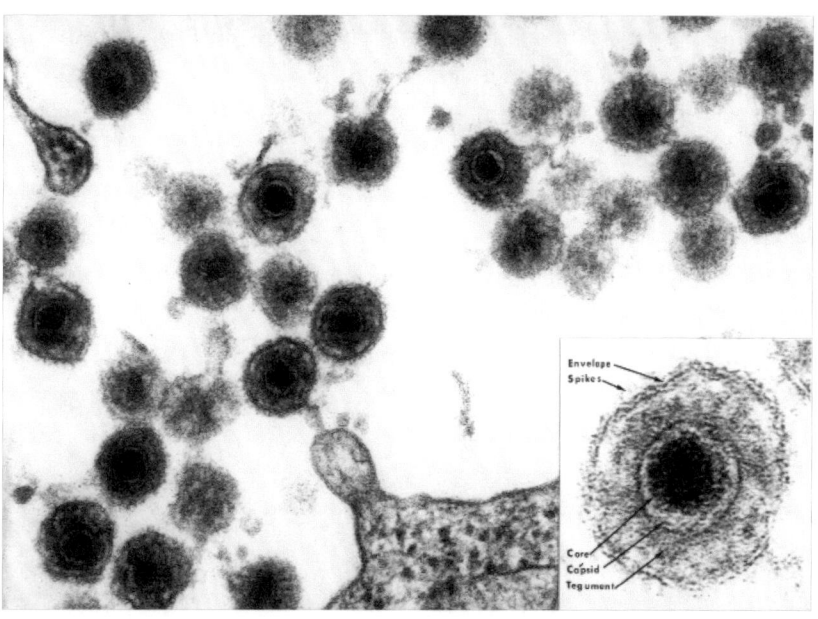

Micrografía electrónica del virus del herpes humano 6. La apariencia de «ojo de lechuza» de las partículas del virus es característica de la familia que contiene a los herpesvirus. (National Cancer Institute).

# 📖 PARA LEER MÁS:

BROUSSARD, Grant (2023). «Barrier-to-autointegration factor 1 promotes gammaherpesvirus reactivation from latency». *Nature Communications* 14: 434.

CASPER, Corey (2022). «KSHV (HHV8) vaccine: promises and potential pitfalls for a new anti-cancer vaccine». *NPJ Vaccines* 7 (1): 108.

CONNOLLY, Sarah (2020). «The structural basis of herpesvirus entry». *Nature Reviews Microbiology* 19: 110-121.

MIKULSKA, Malgorzata (2021). «Human herpesvirus 8 and Kaposi sarcoma: how should we screen and manage the transplant recipient?». *Current Opinion in Infectious Diseases* 34 (6): 646-653.

MULARONI, Alessandra (2021). «International survey of human herpes virus 8 screening and management in solid organ transplantation». *Transplant Infectious Disease* 23 (5): e13698.

OLIVEIRA LOPES, Amanda (2022). «Human Gammaherpesvirus 8 Oncogenes Associated with Kaposi's Sarcoma». *International Journal of Molecular Sciences* 23: 7203.

O'ROURKE, Sadhbh (2021). «Seroprevalence of human herpesvirus 8 in Ireland among blood donors, men who have sex with men, and heterosexual genitourinary medicine and infectious diseases clinic attendees». *Journal of Medical Virology* 93: 5058-5064.

# TOUCHDOWN

El mejor lanzamiento de todos los tiempos puede ser la bomba teledirigida que, el 16 de enero de 1976, Terry Bradshaw envió a Lynn Swann en el partido de la Super Bowl X. El escenario era increíble. El estadio Miami Orange Bowl, de la ciudad de Miami, estaba abarrotado y el público animaba enfervorizado. Los bloqueos parecían estar hechos por locomotoras de acero. El choque de los cascos crujía por todo el terreno de juego, pero Bradshaw esperaba el momento adecuado para lanzar. Fue un pase profundo. El balón voló 64 yardas hasta el hombro izquierdo de Swann, que recibió la pelota sin parar de correr. Lynn era un tipo veloz y un gran receptor. Un defensor intentó parar el ataque, agarrando a Swann del hombro derecho, pero resbaló. Libre de marca, Swann aceleró hacia la zona de anotación y logró el *touchdown*. La jugada convirtió a los Pittsburgh Steelers en campeones.

Terry Bradshaw, el legendario número 12 de los Steelers, es considerado uno de los mejores *quarterbacks* de la historia. Jugó durante catorce temporadas con los Pittsburgh Steelers, en la Liga Nacional de Fútbol Americano (NFL). Bradshaw tenía un brazo poderoso y lanzaba el balón de forma espectacular. La pelota ovalada salía disparada de la mano de Bradshaw a gran velocidad, volaba parabólica girando sedosa durante varios segundos, y casi siempre alcanzaba el destino deseado. Terry Bradshaw era duro y certero, y llevó a los Steelers a alzar ocho campeonatos de la AFC Central, hoy redefinida como la división del norte de la Conferencia Americana de la Liga Nacional de Fútbol Americano (NFL). De paso, ganó cuatro títulos de Super Bowl, en un período de seis años (1974, 1975, 1978 y 1979), siendo el primer *quarter-*

*back* en conquistar tres y cuatro Super Bowls. En las cuatro Super Bowls disputadas, lanzó para lograr la impresionante cantidad de 932 yardas y 9 *touchdowns*. Una barbaridad, que en el momento de su retirada seguían siendo récords de la Super Bowl. La carrera profesional de Bradshaw fue sensacional. En catorce temporadas completó 2025 de 3901 pases intentados, para lograr 27.989 yardas y 212 *touchdowns*. También corrió 444 veces para conseguir 2257 yardas y 32 *touchdowns*. En 1989, el primer año en el que podía ser elegido, Bradshaw fue incluido en el Salón de la Fama del Fútbol Americano Profesional.

Tras la retirada, Bradshaw ha trabajado de actor y cantante, pero es especialmente conocido por ser, desde 1994, analista deportivo de televisión y coanfitrión de Fox NFL Sunday, un programa de televisión deportivo estadounidense transmitido por la

**Steelers**

Terry Bradshaw, en 2018. El jugador de los Steelers ganó, junto con su equipo, cuatro Super Bowls llevando el dorsal número 12; la última, en el año 1979 (XIV), a la que pertenece la fotografía de grupo en pleno ataque a la derecha.

cadena televisiva Fox. En el otoño de 2022, durante una transmisión dominical de Fox NFL, Terry Bradshaw reveló que en el último año había luchado contra dos formas de cáncer, uno de vejiga y otro de piel. Al parecer, Bradshaw había descubierto una especie de tumor en su cuello que resultó ser un carcinoma de células de Merkel. Bradshaw recibió tratamiento en el Centro Oncológico MD Anderson de Houston y aseguró a la audiencia que, por fortuna, ya estaba muy bien y libre de cáncer.

El carcinoma de células de Merkel (CCM), descrito inicialmente por Cyril Toker en 1972, es un cáncer de piel agresivo y poco frecuente con alto riesgo de recidiva y propagación. Puede afectar a cualquier parte de la piel, y las lesiones cutáneas suelen ser firmes, brillantes, de color piel o rojo-azulado y nodulares. Los hallazgos clínicos más característicos son el rápido crecimiento y la ausencia de dolor. Un 5 % de todos los cánceres de piel son considerados raros, y el carcinoma de células de Merkel representa aproximadamente un tercio de estos.

Aunque esta enfermedad es 30 veces menos frecuente que el melanoma, la tasa de mortalidad es de 1 de cada 3 casos, comparado con 1 de cada 6 para el melanoma. Los parámetros más importantes para el pronóstico del CCM son el tamaño del tumor y la presencia de metástasis locorregionales o a distancia. Unos 3000 casos nuevos son diagnosticados cada año en los Estados Unidos de América. La incidencia del carcinoma de células de Merkel varía a nivel global, de 0,1 a 1,6 por 100.000 habitantes, estando la incidencia más baja en algunos países de Europa y la incidencia más alta en Australia.

Las bajas tasas de supervivencia son una consecuencia directa de la capacidad metastásica rápida del carcinoma de células de Merkel, combinada con su capacidad intrínseca para resistir la erradicación inmunológica, así como la recurrencia constante y una respuesta relativamente pobre a los agentes quimioterapéuticos. La enfermedad está caracterizada por varios factores de riesgo, incluida la edad avanzada (50 años o más), las características de la población (piel clara), la exposición a la radiación solar intensa y las deficiencias inmunitarias.

Para resumir las características clínicas del carcinoma de células de Merkel, ha sido concebida una fórmula nemotécnica, en inglés, nombrada como AEIOU, donde A es *asymptomatic* («asintomático»), E es *expanding rapidly* («expansión rápida»), I es *immune suppressed* («inmunodepresión»), O es *older than 50 years* («mayor de 50 años») y U es *UV-exposed skin* («piel expuesta a rayos ultravioleta»). En torno al 90 % de los pacientes que sufren carcinoma de células de Merkel cumplen con tres o más criterios de los plasmados en AEIOU.

En el año 2008, un grupo de científicos de la Universidad de Pittsburgh descubrió un virus vinculado a este tipo de carcinoma. Fue el primer ejemplo de un patógeno viral humano descubierto utilizando secuenciación metagenómica de última generación con una técnica llamada «sustracción digital del transcriptoma». El virus recibió el nombre de «poliomavirus de células de Merkel». La información actual apunta a que la radiación ultravioleta y la infección por el poliomavirus de células de Merkel parecen ser los principales factores oncogénicos del carcinoma de células de Merkel.

El poliomavirus de células de Merkel es un virus comensal y ubicuo que es adquirido con mayor frecuencia durante la primera infancia. Es responsable de una infección asintomática de por vida, como residente de la microbiota cutánea. La prevalencia de la infección por el poliomavirus de células de Merkel, entre adultos de 60 a 69 años, es de alrededor del 81 %, con una tendencia a una mayor seroprevalencia con el aumento de la edad. El poliomavirus de células de Merkel es considerado responsable del 80 % de los tumores de carcinoma de células de Merkel.

El virus se integra en el ADN del huésped, impulsando la expresión duradera de dos antígenos T virales, T grande (LT) y T pequeño (ST), que alteran la regulación del ciclo celular, la apoptosis y otras vías celulares involucradas en la transformación celular. En definitiva, la infección del virus causa un crecimiento celular descontrolado, provocando el cáncer. Sin embargo, alrededor del 20 % de los tumores de carcinoma de células de Merkel no tienen este virus, lo cual indica que la presencia del poliomavirus de células de Merkel no es necesaria en todos los casos de aparición del cáncer. Además, la mayoría de las personas portan el poliomavirus toda la vida y nunca desarrollan carcinoma de células de Merkel. Es posible que, cuando alguien adquiere el poliomavirus, sean necesarios otros factores, como la exposición a la luz ultravioleta y la inmunodepresión, para iniciar el crecimiento del cáncer.

En base a esta situación, han sido caracterizados dos subconjuntos de carcinoma de células de Merkel que presentan vías patogenéticas moleculares distintas: el carcinoma de células de Merkel inducido por radiación ultravioleta y el carcinoma de células de Merkel positivo para virus, que conlleva un mejor pronóstico. En el subconjunto de carcinoma de origen no viral han sido encontradas mutaciones en los genes RB1 y TP53, NOTCH1, PIK3CA y KMT2D. Es posible que las mutaciones en el gen PIK3CA hagan que la enzima PI3K se vuelva hiperactiva y estimule la multiplicación de células cancerosas. Han sido halladas mutaciones en el gen PIK3CA en muchos tipos de cáncer, como los cánceres de mama, pulmón, ovario, estómago, encéfalo, colon y recto. Por el contrario, los tumores originados por el poliomavirus están caracterizados por una carga mutacional tumoral baja, aunque,

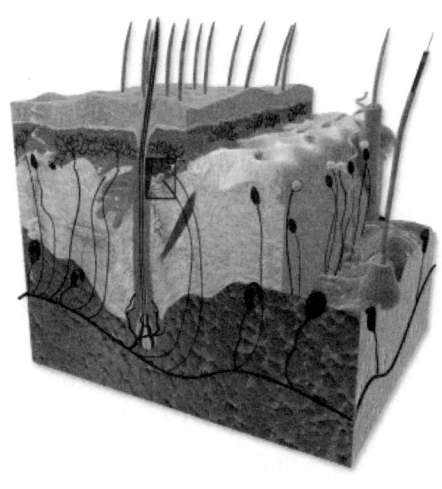

Célula de Merkel debajo de la epidermis. (Blausen Medical).

cuando son detectadas mutaciones, aparecen con mayor frecuencia en los genes supresores tumorales RB1, TP53 y PTEN. A fin de cuentas, en ambos subtipos hay alteraciones en la estructura y la función del gen TP53 y del gen RB1, que produce la proteína del retinoblastoma.

La proteína del retinoblastoma, también denominada «Rb», es una proteína supresora de tumores que está alterada en muchos tipos de cáncer; entre ellos, el cáncer de pulmón, melanoma, cáncer de próstata y cáncer de mama. Esta alteración fue detectada originalmente en cáncer de retina y de ahí su nombre. Una de las funciones principales de la proteína del retinoblastoma es la inhibición de la progresión del ciclo celular antes de la entrada en mitosis, de manera que la célula no entra en división hasta que está preparada para ello y se dan las condiciones adecuadas. Por tanto, la proteína del retinoblastoma impide la proliferación celular. Por ello, la inactivación o alteración de la proteína del retinoblastoma puede suponer la aparición de un cáncer, ya que con ello es eliminado un importante freno a la proliferación celular.

En los últimos años, la incidencia del carcinoma de células de Merkel ha aumentado significativamente. Por ejemplo, en el periodo 2000-2013, el número de casos de carcinoma de células de Merkel aumentó en un 95 %, sorprendentemente mucho más rápido que todos los tumores sólidos (15 %) o el melanoma (56 %), y es esperable que aumente aún más, por la inmunosenescencia relacionada con el envejecimiento poblacional y la desmesurada exposición a la radiación ultravioleta del sol. Las zonas más frecuentes de aparición del tumor primario de carcinoma de células de Merkel son el rostro, la cabeza y el cuello, seguidas de los miembros superiores y los hombros. Para el carcinoma de células de Merkel localizado, el tratamiento de primera línea es la escisión quirúrgica con evaluación del margen posoperatorio, seguida de radioterapia adyuvante. En todos los pacientes con carcinoma de células de Merkel es recomendable la biopsia del ganglio linfático centinela. Los anticuerpos anti-PD-(L)1 deben ser ofrecidos como tratamiento sistémico de primera línea en pacientes con carcinoma de células de Merkel avanzado. El desarrollo de anticuerpos monoclonales contra el receptor de muerte celular programada 1 y su ligando (PD-1/PD-L1) ha transformado el tratamiento del melanoma metastásico, el carcinoma de células escamosas y el carcinoma de células de Merkel. Estos agentes, como monoterapias, están asociados con tasas de respuesta de aproximadamente el 40 al 60 %, muchas de las cuales persisten de manera duradera.

Una de las medidas profilácticas más eficaces para prevenir la aparición del carcinoma de células de Merkel consiste en reducir la exposición al sol y evitar las horas de mayor radiación ultravioleta. En el caso de practicar actividades diurnas al aire libre, es aconsejable proteger la piel y los ojos, y aplicar protector solar. La mayoría de los nódulos de la piel nunca derivan en cáncer, pero la detección temprana favorece el éxito del tratamiento, por lo que, si un lunar, peca o protuberancia cambia de tamaño, forma o color, es aconsejable consultar al médico.

📖 PARA LEER MÁS:

DeCaprio, James (2017). «Merkel cell polyomavirus and Merkel cell carcinoma». *Philosophical Transactions of the Royal Society B* 372: 20160276.

DeCoste, Ryan (2021). «Relationship between p63 and p53 expression in Merkel cell carcinoma and corresponding abnormalities in TP63 and TP53: a study and a proposal». *Human Pathology* 117: 31-41.

Gauci, Marie-Léa (2022). «Diagnosis and treatment of Merkel cell carcinoma: European consensus-based interdisciplinary guideline e Update 2022». *European Journal of Cancer* 171: 203-231.

Ghanghareh, Monir (2021). «Evidencing the presence of merkel cell polyomavirus in papillary thyroid cancer». *Scientific Reports* 11: 21447.

Krump, Nathan (2021). «From Merkel Cell Polyomavirus Infection to Merkel Cell Carcinoma Oncogenesis». *Frontiers in Microbiology* 12: 739695.

Silling, Steffi (2022). «Epidemiology of Merkel Cell Polyomavirus Infection and Merkel Cell Carcinoma». *Cancers* 14: 6176.

Spurgeon, Megan (2022). «Merkel cell polyomavirus large T antigen binding to pRb promotes skin hyperplasia and tumor development». *PLoS Pathogen* 18 (5): e1010551.

Yang, June (2022). «Merkel cell polyomavirus and associated Merkel cell carcinoma». *Tumour Virus Research* 13: 200232.

# VIRUS HTLV-1

En septiembre de 1977, los médicos japoneses Takashi Uchiyama, Junji Yodoi, Kmitaka Sagawa, Kiyoshi Takatsuki y Aruto Uchino describieron, en 16 pacientes, una nueva neoplasia linfoide de progreso rápido. La enfermedad fue denominada «leucemia/linfoma de células T del adulto» (LLCTA o ATL, en inglés) y era una desconocida neoplasia maligna de linfocitos T periféricos.

Las características clínicas y hematológicas de la patología eran únicas, y la distribución geográfica de los pacientes, por lugar de nacimiento, fue notable, ya que casi todos nacieron en la isla suroccidental de Kyushu. El agrupamiento de casos de ATL condujo a la hipótesis de que la causa de la enfermedad podía ser una infección viral oncogénica. Poco tiempo después, en 1979, fue aislado, en Estados Unidos, el virus HTLV-1 de un paciente con linfoma cutáneo de células T. Tras varias pruebas serológicas y virológicas, se determinó que el HTLV-1 era responsable de originar la leucemia/linfoma de células T del adulto. Hoy en día, la infección por el virus HTLV-1 es endémica en Japón, y está particularmente agrupada en el distrito suroeste, en la isla de Kyushu y en la prefectura de Okinawa.

El virus linfotrópico de células T humanas tipo 1 (HTLV-1) fue el primer retrovirus humano descrito, y es el agente etiológico de la leucemia de células T adultas, una forma muy grave de cáncer. El HTLV-1 es un miembro de los deltaretrovirus, que incluyen otros virus, como el HTLV-2, el HTLV-3, el HTLV-4, el virus de la leucemia bovina y el virus de la leucemia de células T de los simios (STLV). Los dos últimos virus, de forma similar al caso del HTLV-1, también causan neoplasias linfoides en el huésped.

El HTLV-2 no ha sido relacionado con la leucemia, aunque los pacientes infectados con HTLV-2 muestran un recuento de linfocitos más alto que los pacientes no infectados. El HTLV-3 y el HTLV-4 fueron descubiertos simultáneamente en el año 2005 por dos equipos que trabajaban en muestras derivadas de dos cazadores del área de la selva tropical en el sur de Camerún. No ha habido evidencias de que HTLV-3 y HTLV-4 sean prevalentes en África o estén presentes fuera del continente africano.

El virus HTLV-1 puede causar linfoma/leucemia de células T en adultos y una afección progresiva del sistema nervioso conocida como «mielopatía asociada a HTLV-1» o «paraparesia espás-

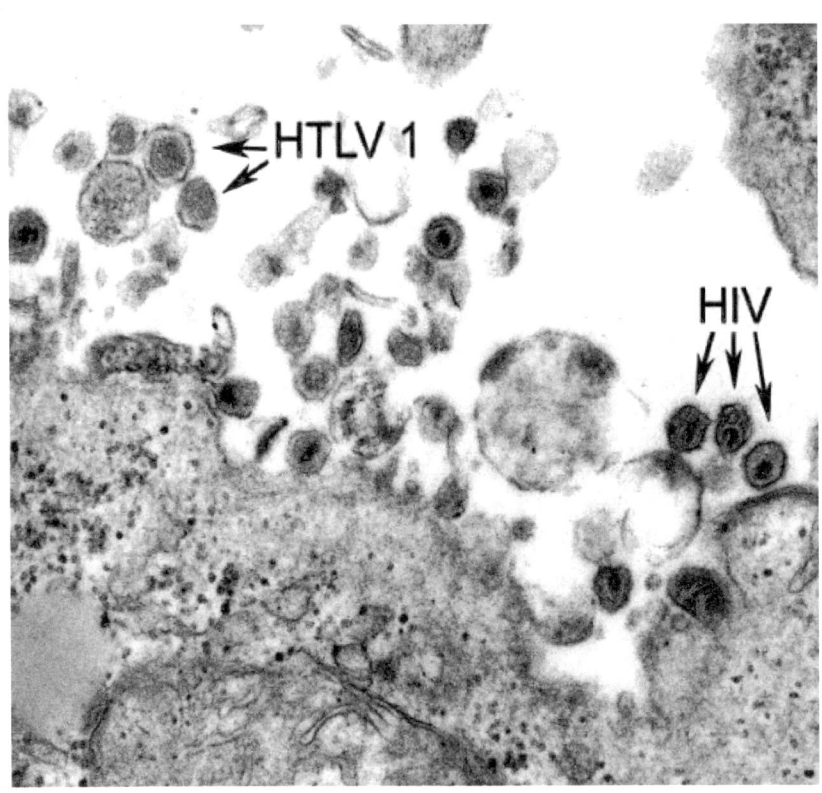

Imagen microscópica que revela la presencia tanto del virus de la leucemia de células T humana tipo 1 (HTLV-1) como del virus de la inmunodeficiencia humana (VIH, o HIV en inglés).

tica tropical» (HAM/TSP). Hay cuatro subtipos clínicos reconocidos de linfoma/leucemia de células T en adultos: agudo, linfomatoso, crónico y latente. Las personas con ATL pueden presentar lesiones cutáneas (nódulos, úlceras y erupción papular generalizada), lesiones óseas líticas, linfadenopatía, hepatoesplenomegalia, hipercalcemia y síntomas relacionados con la afectación pulmonar y de otros órganos. En el frotis de sangre es posible ver linfocitos con un aspecto característico, denominados «células florales». También pueden ocurrir infecciones oportunistas debido a la inmunosupresión relacionada con células T disfuncionales infectadas con el HTLV-1. La mortalidad es alta para las personas diagnosticadas con formas agresivas de ATL (aguda y linfomatosa), con una media de supervivencia de menos de 12 meses.

El linfoma/leucemia linfoblástico de células T, que puede ser considerado como un linfoma o un tipo de leucemia linfoblástica aguda, representa el 1 % de todos los linfomas y suele ser más común en adolescentes o adultos jóvenes. La leucemia linfoblástica aguda (LLA) es el cáncer pediátrico más frecuente, representando aproximadamente el 75 % de las leucemias entre los niños menores de 15 años, aunque también afecta a adultos de todas las edades. De hecho, alrededor de 4 de cada 10 casos de LLA corresponden a adultos. El riesgo promedio que tiene una persona de padecer LLA durante su vida es de aproximadamente 1 de 1000. Según la American Cancer Society, en los Estados Unidos de América ocurrirán, cada año, más de 6600 nuevos casos de leucemia linfoblástica aguda (LLA) y acontecerán casi 1600 muertes relacionadas.

En los últimos años, han surgido nuevos datos sobre el impacto del HTLV-1 en la salud, incluido un aumento en la mortalidad respecto a las personas no infectadas o un mayor riesgo de diabetes y enfermedad renal crónica. En realidad, este virus está asociado con una gran variedad de enfermedades, incluyendo linfoma/leucemia de células T en adultos, enfermedades neurodegenerativas, uveítis, dermatitis infecciosa, síndrome de Sjogren, bronquiectasias, bronquitis y bronquiolitis, artritis reumatoide, artritis, infecciones renales y vesicales, dermatofitosis, neumonía adquirida en la comunidad, síndrome de hiperinfección por *Strongyloides*, tuberculosis, cáncer de hígado, linfoma distinto de la leucemia-linfoma de células T en adulto y cáncer de cuello uterino.

Las valoraciones generales apuntan a que el HTLV-1 infecta al menos a 10-15 millones de personas en todo el mundo, aunque es probable que la cifra esté subestimada, debido a la falta de estudios epidemiológicos en India, China y varias otras regiones densamente pobladas. Curiosamente, a pesar de la distribución global, el HTLV-1 aparece en focos diminutos de alta prevalencia de infección rodeados de áreas endémicas bajas. Por ejemplo, Mashhad en Irán, Okinawa en Japón, Alice Springs en Australia o Tumaco en Colombia. Esto es inusual, y existe la teoría de que la propagación geográfica surge del efecto fundador.

Un efecto fundador está referido a la reducción de la variabilidad genómica ocurrida cuando un pequeño grupo de personas es separado de una población más grande. Con el tiempo, la nueva subpoblación resultante tendrá genotipos y rasgos físicos parecidos, pero con ciertas diferencias, a los del grupo inicial. El efecto fundador también puede explicar por qué ciertas enfermedades hereditarias son más frecuentes en algunos grupos poblacionales limitados. Un ejemplo claro de población humana con efecto fundador es el de los *amish* de Lancaster en Pensilvania.

El HTLV-1 es un virus latente y, en 1996, fue declarado cancerígeno para los humanos por la Agencia Internacional para la Investigación del Cáncer (IARC). Algunos estudios sugieren que el HTLV y el STLV se originaron a partir de ancestros comunes y que comparten características moleculares, virológicas y epidemiológicas. Por lo tanto, han sido denominados «virus de la leucemia de células T de primates» (PTLV). Genéticamente, el virus HTLV-1 ha sido clasificado en siete subtipos, cada uno con una distribución geográfica característica, que puede ser explicada por la migración de la población. El subtipo A es cosmopolita y el más extendido a nivel mundial, pudiendo ser clasificado en diversos subgrupos (transcontinental, japonés, africano occidental, africano del norte, senegalés y afroperuano). Los subtipos B, D, E, F y G son comunes en partes específicas de África, mientras que el subtipo C, denominado «melanesio», aparece en Australia y Oceanía. Los análisis filogenéticos han revelado que el HTLV-1C se separó por primera vez del virus de la leucemia de los simios hace unos 50.000 ± 10.000 años. Posteriormente, el HTLV-1A, que es el subtipo más común en Japón, se separó de la cepa africana hace 12.300 ± 4900 años. El HTLV-1 ha sido encontrado en momias andinas de 1500 años de antigüedad.

El sistema inmunitario del huésped no puede eliminar el virus HTLV-1 y, por lo tanto, persiste en el organismo representando una amenaza de por vida. El mecanismo por el cual HTLV-1 controla la expresión de genes virales y evade la respuesta inmunitaria aún no ha sido dilucidado por completo. El HTLV-1 invade principalmente los linfocitos T CD4+. Un linfocito infectado transmite el HTLV-1 a través del contacto de célula a célula con otros linfocitos. Los componentes virales del HTLV-1, incluido su genoma de ARN monocatenario, son transferidos a las célu-

Mujer *amish* de Lancaster horneando pan.

las diana a través de esta unión. El genoma de HTLV-1 codifica proteínas estructurales típicas de un retrovirus (gag, pol y env), junto con proteínas específicas de HTLV-1, codificadas por una región única en su genoma, denominada «pX». En la región pX están codificadas proteínas reguladoras no estructurales, incluidas Tax y HBZ, que son importantes para comprender la biología y la patogenia del HTLV-1.

El virus es endémico en zonas como el sur de Japón, África central, áreas de América del Sur, Irán, las islas del Caribe y Australia central, siendo transmitido principalmente a través del contacto directo con fluidos corporales que contienen células, incluida la sangre, la leche materna y el semen. Por ello, es habitual que la infección sea transmitida, verticalmente, por la lactancia materna de madres infectadas a los recién nacidos y, horizontalmente, por las relaciones sexuales y las transfusiones de sangre.

La tasa estimada de transmisión de madre a hijo ha oscilado entre el 3,9 % y el 27 %. Los datos sugieren que el 20 % de los bebés amamantados por mujeres que viven con el HTLV-1 contraerán la infección. La transmisión materno-infantil también ocurre en aproximadamente el 2,5-5 % de los bebés alimentados exclusivamente con leche de fórmula que nacen de madres seropositivas, lo que indica que existen otras vías de transmisión, aunque menos comunes. Varios estudios han informado de tasas de transmisión de hasta el 63 % a partir de transfusiones de sangre de un donante con HTLV-1, e incluso de una tasa de transmisión del 87 % a partir de trasplantes de tejido de donantes positivos. El consumo de drogas inyectables también es un factor de riesgo para la infección por HTLV-1. La infección por HTLV-1 está asociada comúnmente con poblaciones desfavorecidas, ya sea en países de bajos y medianos ingresos o grupos marginados, como inmigrantes, trabajadores sexuales y usuarios de drogas inyectables, dentro de naciones prósperas. En general, la prevalencia del HTLV-1 en Europa es baja, pero en algunas zonas de otros continentes puede llegar a ser escandalosa, alcanzando el 12 % de la población rural de Gabón, el 45 % de la población indígena de Australia central y hasta al 4 % de las mujeres embarazadas de algunos países latinoamericanos, como Jamaica y la Guayana Francesa.

No existe un tratamiento curativo para esta infección. El impacto en la calidad de vida es evidente, y la necesidad de medidas preventivas para evitar la transmisión de HTLV-1 es palmaria. A pesar de esto, la infección por HTLV-1 sigue siendo desatendida. El cribado de donantes de sangre, aunque es eficaz para prevenir infecciones iatrogénicas, no está implementado a nivel mundial. Las pruebas de detección prenatales nacionales han sido implementadas solo en Japón, a pesar de la alta tasa de infección observada en mujeres embarazadas en muchos países.

El virus HTLV-1 no es transmitido a través del contacto social con personas infectadas. Dar la mano, abrazar, besar, toser o beber del mismo vaso no propaga el virus, pero las personas diagnosticadas con infección por HTLV-1 deben saber que la infección dura toda la vida y que no deben donar sangre, semen ni otros tejidos. La detección obligatoria de anticuerpos contra HTLV-1 para todas las donaciones de sangre ha sido implemen-

**FAMILIA RETROVIRUS**

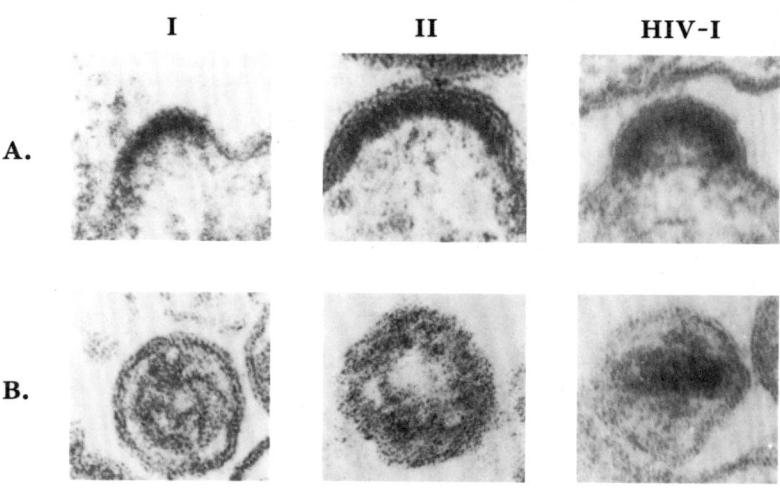

Micrografías electrónicas de algunos virus pertenecientes a la familia de los retrovirus que se reproducen en los linfocitos T. A. proceso de gemación; B. partículas maduras.

tada en 23 países. Los primeros fueron Japón y Estados Unidos, ambos en 1988; seguidos de Canadá, países del Caribe (República Dominicana, Haití y Jamaica) y departamentos franceses de ultramar (Guayana Francesa, Guadalupe y Martinica) en 1989. No hay consenso mundial relacionado con el trasplante y la donación de órganos, y existen pocas políticas y pautas para la detección de HTLV-1. En el año 2012, una directiva adoptada por la Comisión Europea exigió la prueba de detección de HTLV-1 a todos los donantes de células y tejidos de áreas de alta prevalencia de infección por el virus, o aquellos cuyas parejas sexuales o padres provengan de dichas áreas.

Es recomendable una evaluación médica periódica de las personas infectadas con HTLV-1. Esta evaluación puede comprender un examen físico, incluido un análisis neurológico, y un hemograma completo con estudio de frotis periférico. El 17 de marzo de 2021, la Organización Mundial de la Salud (OMS) lanzó un informe técnico sobre el HTLV-1, reconociendo que el riesgo de infección nosocomial no es conocido y que, si bien la carga proviral estaba asociada con la transmisión, se ignoraba si había un nivel de carga viral por debajo de la cual no ocurría la transmisión. El informe recomienda dar prioridad a más investigaciones sobre este tema, y que sean consideradas estrategias de control y prevención del HTLV-1, en particular para el registro de infecciones en entornos de atención médica y la reducción de daños para las personas que consumen drogas inyectables.

Resulta evidente que son necesarios datos de vigilancia sólidos para dirigir las políticas, la implementación de servicios y la inversión en el sistema de salud. Según las evidencias disponibles, la distribución geográfica de la infección por HTLV-1 sigue siendo muy focal, pero la prevalencia en algunos países excesivamente poblados no ha sido bien caracterizada, lo que dificulta estimar la carga mundial de infección más allá de las áreas endémicas reconocidas.

# 📖 PARA LEER MÁS:

Gessain, Antoine (2023). «Geographic distribution, clinical epidemiology and genetic diversity of the human oncogenic retrovirus HTLV-1 in Africa, the world's largest endemic area?». *Frontiers in Immunology* 14:1043600.

Legrand, Nicolas (2022). «Clinical and Public Health Implications of Human T-Lymphotropic Virus Type 1 Infection». *Clinical Microbiology Reviews* 35 (2): e00078-21.

Nagasaka, Misako (2020). «Mortality and risk of progression to adult T cell leukemia/lymphoma in HTLV-1–associated myelopathy/tropical spastic paraparesis». *PNAS* 117 (21) 11685-11691.

Ratner, Lee (2022). «A role for an HTLV-1 vaccine?». *Frontiers in Immunology* 13: 953650.

Sato, Tomoo (2018). «Mogamulizumab (Anti-CCR4) in HTLV-1–Associated Myelopathy». *The New England Journal of Medicine* 378: 529-538.

Schierhout, Gill (2020). «Association between HTLV-1 infection and adverse health outcomes: a systematic review and meta-analysis of epidemiological studies». *The Lancet Infectious Diseases* 20 (1): 133-143.

Wolf, Sonia (2022). «HTLV-1-related adult T-cell leukemia/lymphoma: insights in early detection and management». *Current Opinion in Oncology* 34 (5): 446-453.

Zuo, Xiaorui (2023). «HTLV-1 persistent infection and ATLL oncogénesis». *Journal of Medical Virology* 95 (1): e28424.

# MIGRACIÓN

Manny, Sid y Diego son los protagonistas de *Ice Age: La edad de hielo*, una divertida película de animación que fue distribuida por el estudio 20th Century Fox Home Entertainment, creada por Blue Sky Studios y estrenada el 8 de marzo de 2002.

La cinta narra las peripecias, y los tronchantes encuentros y desacuerdos, de un malhumorado mamut lanudo, un perezoso torpe y charlatán y un siniestro tigre dientes de sable, que migran hacia el sur durante la edad de hielo, el último periodo glacial, que finalizó alrededor del 9700 a. C. y dio paso al Holoceno. Durante el éxodo, Manny y Sid topan con un bebé humano perdido y deciden cuidar de él, hasta que logren localizar a sus padres. Diego oculta otros planes, pero queda enrolado, a la fuerza, en la curiosa y esmirriada manada, que, configurada con retales, viaja sin cesar para huir del frío y encontrar el campamento humano.

Es evidente que, hace veinte mil años, la Tierra era territorio hostil para las personas y muchos animales. En algunos lugares, los inviernos eran formidables y extremadamente gélidos, con 40 grados por debajo de los actuales. Los glaciares, convertidos en monstruos descomunales, asfixiaban gran parte del territorio, incluida una extensa área de América del Norte. Sin embargo, aunque parezca irreal, muy al norte del continente americano existía un paraíso en expansión, formado por amplias franjas de Canadá y Siberia. Aquella región es denominada Beringia, e incluía un puente terrestre, ahora sumergido, que conectaba Alaska con Asia. El término Beringia, acuñado en 1937 por el botánico sueco Eric Hultén, hace alusión al área comprendida entre las montañas Verkhoyansk de Siberia, en el oeste, hasta el río Mackenzie en Canadá, en el este. Por aquel entonces, Beringia era un refugio de tundra y praderas salpicadas de flores silvestres, estanques y sauces achaparrados. Durante miles de años, los bisontes y los mamuts vagaron por sus llanuras, que, según algunas teorías, también fueron pisoteadas por los seres humanos.

No existe consenso, entre los arqueólogos, sobre la fecha de la llegada humana inicial a las Américas, pero todos están de acuerdo en que las poblaciones humanas comenzaron a colonizar América del Norte hace al menos unos 13.000 años antes del presente, como lo demuestra el hallazgo de puntas de Clovis acanaladas y otros artefactos líticos asociados. Antes de esa fecha, la evidencia más clara de la presencia humana en América proviene del este de Beringia, en las zonas sin glaciares de Alaska y el territorio de Yukón. El asentamiento de Beringia parece haber sido parte esencial de la dispersión humana moderna desde Asia hasta América. Las rutas migratorias viables desde Asia dependían del

Restos de mamut enano, bautizado como Dima, hallados en Beringia.
(Oficina Nacional de Administración Oceánica y Atmosférica).

momento y de las condiciones ambientales presentes, y podrían haber ocurrido a través de una ruta interior, utilizando un corredor libre de hielo, la ruta costera del Pacífico, o ambas. De hecho, la teoría de la migración previa al último máximo glacial, a través de Beringia hacia territorio americano, está respaldada por el descubrimiento, en el año 2021, de huellas humanas en sedimentos lacustres relictos cerca del Parque Nacional White Sands, en Nuevo México. Este hallazgo sugiere que los humanos pudieron alcanzar la zona hace entre 18.000 y 26.000 años.

Debido a su presunta codivergencia con las personas, el virus John Cunningham o virus JC ha sido utilizado como marcador genético para la evolución y la migración humanas. Existen al menos 14 subtipos de virus JC asociados con diferentes poblaciones humanas y ha sido posible observar que los presentes en las personas nativas del nordeste de Asia son muy parecidos a los que poseen los nativos norteamericanos. Esta situación apoya la hipótesis de una migración arcaica desde Asia a América del Norte a través del puente de tierra de Beringia.

El virus JC, descubierto en 1971 en el cerebro de un paciente llamado John Cunningham, es el primer poliomavirus humano descrito y el agente etiológico de la leucoencefalopatía multifocal progresiva (LMP). El primer poliomavirus, descrito en 1952, fue identificado como el «virus K murino», y en ratones recién nacidos e inmunocomprometidos, inoculados experimentalmente, puede inducir la formación de tumores, parálisis y emaciación.

En las personas, los síntomas de la leucoencefalopatía multifocal progresiva pueden aparecer de forma gradual y, por lo general, empeoran progresivamente, dependiendo de la zona del encéfalo afectada. Los primeros síntomas suelen ser torpeza, debilidad o dificultad para hablar o pensar, e incluso problemas de visión. A medida que el trastorno avanza, muchas personas desarrollan demencia y son incapaces de hablar.

Tras una infección primaria asintomática, que suele ocurrir en la infancia, el virus JC se disemina por vía hematógena, desde el sitio primario de infección a zonas secundarias, incluidos los riñones, los tejidos linfoides, los leucocitos de sangre periférica y el cerebro, para establecer una infección latente. En estados de inmunosupresión, el virus sufre reordenamientos moleculares que le permiten replicarse en los tejidos gliales y causar leucoencefalopatía multifocal progresiva. Esta enfermedad ocurre en personas con inmunodeficiencia subyacente o en personas que reciben tratamiento con terapias inmunomoduladoras potentes. Aunque existe la hipótesis de que la inmunodeficiencia es un factor predisponente para la leucoencefalopatía multifocal progresiva, surgen muchas cuestiones sin resolver, incluidos los mecanismos patogénicos relacionados con la interacción de la infección/reactivación del virus JC en el huésped.

Anticuerpos contra el virus JC están presentes en hasta en el 90 % de la población adulta general, excepto en poblaciones aisladas de América del Sur y Papúa Nueva Guinea, por lo que los datos seroepidemiológicos indican que la mayoría de la población humana, puede que por encima del 80 %, está infectada por el virus John Cunningham, y que aproximadamente la mitad de las personas infectadas contrajeron el virus durante la infancia.

En general, el virus JC es adquirido temprano en la vida, con mucha probabilidad por vía fecal-oral, y causa una infección silenciosa, que está latente en los riñones, el sistema nervioso central (SNC) y las células CD34+. La mayoría de las infecciones por el virus JC son asintomáticas, pero el microorganismo es altamente neurotrópico, y en las células permisivas, como los oligodendrocitos, causa una infección lítica que culmina en la aparición de leucoencefalopatía multifocal progresiva (LMP) en individuos inmunodeprimidos.

Aunque la mayor parte de los adultos que han sido infectados no desarrollan la leucoencefalopatía multifocal progresiva, numerosos trabajos de investigación establecen una asociación estrecha entre el virus JC y la aparición de diversos tipos de tumores. De hecho, ha sido demostrado que la inoculación intravenosa o intracraneal del virus JC en animales causa astrocitomas, glioblastomas, neuroblastomas y meduloblastomas. También ha sido señalado que la presencia del virus JC está correlacionada con la aparición de diversos tipos de cánceres, como el colorrectal, gástrico, prostático y esofágico, tumores cerebrales, cáncer de pulmón y linfomas de células B. Al parecer, la oncogénesis del virus está centrada principalmente en el antígeno T, que puede inactivar las proteínas supresoras de tumores p53 y Rb e interrumpir la vía de señalización Wnt, que juega un papel decisivo en los procesos de regulación, diferenciación, proliferación y muerte celular.

Al igual que en el caso del virus JC, la infección por el virus BK podría ser considerada omnipresente en la población general, con tasas de seroprevalencia, a la edad de cuatro años, de más del 90 %. El virus BK fue descubierto por primera vez en un hombre sudanés de 39 años, de iniciales B. K., que fue receptor de un trasplante de riñón izquierdo y el uréter, donados por un hermano el 24 de junio de 1970, y que presentó estenosis ureteral en 1971. Las principales vías de transmisión del virus BK son el contacto con las mucosas, incluidas las vías oral, gastrointestinal y respiratoria.

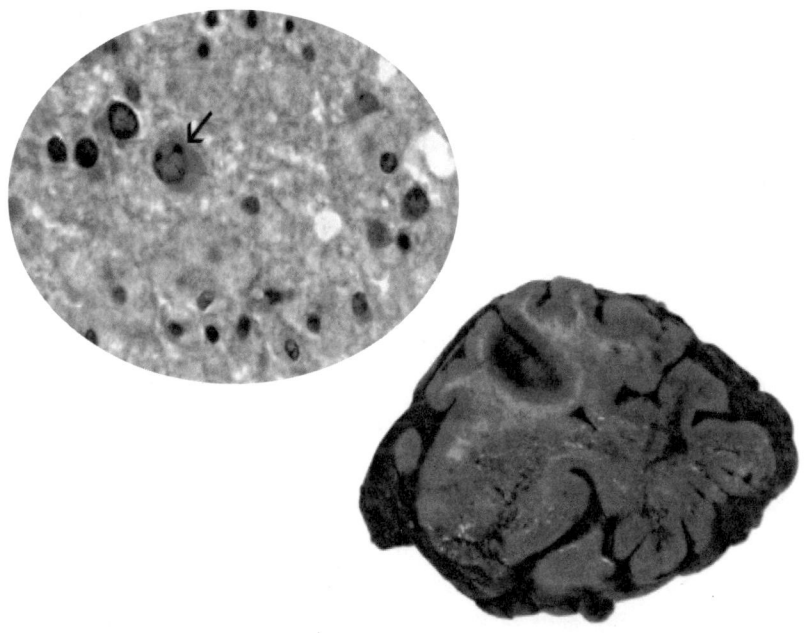

A la izquierda, imagen microscópica de un cerebro con leucoencefalopatía multifocal progresiva (LMP) causada por el virus JC. A la derecha, fotografía de un cerebro afectado por LMP en una persona con sida (virus VIH), infección que provoca que el virus JC se active y cause la enfermedad.

Tras una viremia primaria, el virus BK establece refugio en las células renales y uroepiteliales, lo que da como resultado una infección latente/persistente de por vida. La nefropatía asociada a los virus BK y JC es una causa importante de disfunción y pérdida de los órganos trasplantados. Además, el virus BK ha sido implicado como virus tumoral debido a su comportamiento *in vitro* y en modelos animales, ya que, en hámsteres, ratones y ratas jóvenes o recién nacidas, conduce al desarrollo de varios tipos diferentes de tumores, incluidos ependimoma, neuroblastoma, glioma, nefroblastoma, tumores de los islotes pancreáticos, fibrosarcoma, liposarcoma y osteosarcoma.

El virus BK codifica dos oncoproteínas virales: el antígeno T grande (TAg) y el antígeno t pequeño (tAg). Estos productos virales inducen alteraciones en el ciclo celular normal, lo que en última instancia conduce a la inmortalización celular y a la transformación neoplásica. Varios autores han detectado material genético del virus BK en una amplia gama de tumores humanos, como tumores cerebrales, osteosarcomas, tumores de Ewing, neuroblastomas y tumores de los tejidos del tracto genitourinario, incluidos el cáncer de próstata y el de vejiga. De hecho, varias líneas de evidencia respaldan un papel causal del virus BK en el desarrollo de carcinomas de vejiga que afectan a pacientes con trasplante renal de órganos. Sin embargo, no está bien establecida la contribución del virus BK a la etiología del carcinoma de vejiga en individuos inmunocompetentes.

La inmunidad celular deteriorada es el sello distintivo de las infecciones clínicamente significativas causadas por los virus JC y BK. En la actualidad, el manejo de los virus JC y BK depende de la identificación y el diagnóstico prematuro de la enfermedad, así como del inicio temprano del tratamiento. Para la nefropatía por el virus BK, el cidofovir y la leflunomida son fármacos antivirales efectivos, y tanto el virus BK como el virus JC responden a la reducción de la inmunosupresión.

## 📖 PARA LEER MÁS:

BENNETT, Matthew (2021). «Evidence of humans in North America during the Last Glacial Maximum». *Science* 373 (6562): 1528-1531.

KIMLA, Lenka (2023). «JC Polyomavirus T-antigen protein expression and the risk of colorectal cancer: Systematic review and meta-analysis of case-control studies». *PLoS One* 18 (3): e0283642.

LEVICAN, Jorge (2018). «Role of BK human polyomavirus in cancer». *Infectious Agents and Cancer* 13: 12.

LORIA, Samantha (2022). «BK virus associated with small cell carcinoma of bladder in a patient with renal transplant». *BMJ Case Reports* 15 (3): e244740.

NELSON, Adam (2021). «Beyond antivirals: virus-specific T-cell immunotherapy for BK virus haemorrhagic cystitis and JC virus progressive multifocal leukoencephalopathy». *Current Opinion in Infectious Diseases* 34 (6): 627-634.

SUROVELL, Todd (2022). «Late date of human arrival to North America: Continental scale differences in stratigraphic integrity of pre-13,000 BP archaeological sites». *PLoS ONE* 17 (4): e0264092.

ZHENG, Hua-chuan (2022). «The oncogenic roles of JC polyomavirus in cancer». *Frontiers in Oncology* 12: 976577.

# HABÍA UNA VEZ UN CIRCO

«Había una vez un circo que alegraba siempre el corazón, lleno de color, mundo de ilusión, pleno de alegría y emoción», cantaba Miliki en las décadas de 1970 y 1980. El espectáculo circense es variopinto y abarca una amplia diversidad de disciplinas que son ejecutadas, de manera habitual, por diversos tipos de artistas, como acróbatas, magos, malabaristas, payasos, trapecistas, contorsionistas, funambulistas, mimos, escapistas, forzudos, equilibristas, hombres bala, tragafuegos, ventrílocuos y, hace algunos años, domadores. Hubo una época, entrado el último tercio del siglo pasado, en la que los domadores eran personajes muy populares. En España destacó Ángel Cristo, y, a nivel internacional, Gunther Gebel-Williams acaparó tantos aplausos que podría haber llenado mil piscinas olímpicas con ellos.

Resulta que el señor Gebel-Williams fue un icónico domador de tigres, caballos y elefantes. Murió de un tumor cerebral el 19 de julio de 2021, a los sesenta y seis años. Gunther era talentoso y carismático, y es reconocido por ser uno de los más grandes entrenadores de animales de la segunda mitad del siglo xx. Durante mucho tiempo, Gunther fue una refulgente estrella mediática y el artista de circo más célebre de su generación.

En 1967, John Ringling North, propietario del circo Ringling Brothers and Barnum & Bailey, había perdido el interés en las representaciones circenses, y el 11 de noviembre de aquel mismo año vendió la propiedad a un sindicato formado por los promotores Irvin e Israel Feld y el juez Roy Hofheinz. Los Feld, que estaban a cargo de la nueva operación, decidieron realizar cambios para mejorar la calidad y los beneficios del espectáculo. La reforma requería crear una nueva celebridad, y encontraron al candidato ideal en Gunther Gebel-Williams, cuya reputación había crecido considerablemente en el continente europeo. Irvin Feld voló a Europa y, a golpe de talonario, contrató a Gunther, que, el 2 de noviembre de 1968, zarpó hacia América a bordo del Atlantic Saga, con diecisiete elefantes, nueve tigres, treinta y ocho caballos y algunos otros animales variopintos. Llegaron a Nueva York el 15 de noviembre y, de inmediato, la máquina publicitaria circense empezó a carburar hasta alcanzar velocidad de crucero. Irvin transformó a Gunther, teñido de rubio, en un Siegfried bien afeitado y engalanado con apabullantes trajes de lentejuelas creados por Don Foote, el extravagante diseñador de vestuario del Ringling Brothers and Barnum & Bailey. La personalidad del artista junto con su capacidad de trabajo y de conexión con el público completaron la misión. De la noche a la mañana, el domador quedó convertido en un astro mundial. De 1968 a 1990, Gunther trabajó en el Ringling Brothers and Barnum & Bailey, el más grande y famoso de todos los circos estadounidenses, que logró presentar actuaciones de forma continuada desde el año 1871 hasta 2017.

En los últimos años, la opinión pública sobre el uso de animales para el entretenimiento ha cambiado, y muchos países del mundo prohíben su explotación en los circos. El Ringling Brothers and Barnum & Bailey también tuvo que adaptarse a los nuevos tiempos, y la primavera de 2016 marcó las actuaciones finales de Juliet, Sara y Karen, tres elefantas divas del circo. El retiro

Foto publicitaria del adiestrador Gunther Gebel-Williams, promocionando su aparición en la 107.ª edición del circo Ringling Brothers and Barnum & Bailey.

de los elefantes del Ringling Bros., impulsado por las protestas activistas que pedían la abolición de los actos con animales, se produjo dos años antes de lo programado originalmente. Las elefantas jubiladas fueron enviadas al Centro para la Conservación de Elefantes en Polk City, en Florida, para participar en proyectos de investigación relacionados con el estudio del gen TP53 y la cura del cáncer.

El cáncer es causado por mutaciones genéticas que, con tiempo, son acumuladas en las células. Curiosamente, los animales longevos que tienen muchas células, como los elefantes y las ballenas, casi nunca desarrollan cáncer. Los científicos denominan a esta situación «paradoja de Peto», en honor al epidemiólogo y estadístico británico Richard Peto, quien fue el primero en observar este fenómeno. La paradoja de Peto es una paradoja biológica que constata que la incidencia de cáncer, observada entre distintas especies de animales, no guarda correlación con el número de células de un organismo. ¿Por qué?

Parte de la respuesta, al menos para los elefantes, puede estar relacionada con el gen comúnmente conocido como TP53, que también ayuda a los humanos y a muchos otros animales a reparar el ADN dañado durante la replicación. El elefante africano de sabana (*Loxodonta africana*) tiene la asombrosa cantidad de 20 copias de este gen. Esas copias, cada una con dos variaciones, llamadas «alelos», producen un total de 40 proteínas, en comparación con la copia única de los humanos, y de la mayoría de los animales, que produce dos proteínas. En los mamíferos, el gen TP53 juega un papel crucial en la prevención de que las células mutadas evolucionen a cáncer, siendo posiblemente el supresor de tumores más importante. El producto genético, p53, participa en casi todos los aspectos clave del comportamiento celular que definen las características del cáncer, como la detención del ciclo celular, la apoptosis, la reparación del ADN, la senescencia, la antiangiogénesis, la autofagia y el metabolismo antioxidante.

Funciona al detener la replicación y luego iniciar la reparación o hacer que las células se autodestruyan, si el daño es demasiado extenso. Sin la acción de p53, el cáncer arraiga con facilidad. Por lo tanto, no sorprende que, en más de la mitad de todos los cánceres humanos, la función del gen TP53 haya desaparecido debido a mutaciones aleatorias, variando desde menos del 5 % en el cáncer de cuello uterino hasta el 90 % en el cáncer de ovario.

La inactivación de TP53, que es dada por una mutación iniciadora común en muchos tipos de cáncer, es más difícil de lograr en los elefantes, ya que es necesario mutar más copias para inactivar la proteína. Es probable que las copias adicionales de TP53 contribuyan a que los linfocitos elefantinos sean más propensos a la apoptosis inducida por daños en el ADN que sus contrapartes humanas. Desde luego, es posible que esta no sea la única estrategia anticancerígena que posean los elefantes. Han sido identificados nuevos objetivos transcripcionales de p53 en los paquidermos, como el pseudogén del factor inhibidor de la leucemia funcionalizado (LIF6), cuyo producto génico es traslocado a las mitocondrias e induce la muerte celular tras el daño del ADN. LIF6 está regulado transcripcionalmente por p53.

El riesgo de mortalidad por cáncer es muy variable entre especies animales y varía desde porcentajes inferiores al 5 %, como en el caso de los elefantes, a porcentajes superiores al 57 %, como en el caso del kowari o rata marsupial de cola de pincel (*Dasyuroides byrnei*).

Esta situación no es nueva, ya que los animales han desarrollado cáncer desde hace millones de años. Prueba de ello es que han sido descubiertos fósiles de dinosaurios y tortugas prehistóricas que evidencian signos de, por ejemplo, osteomas y cáncer metastásico. En agosto de 2020, la revista *The Lancet Oncology* informó sobre el hallazgo de un osteosarcoma en un peroné fósil, perteneciente a un *Centrosaurus*, que fue encontrado en Canadá y datado en unos 76 millones de años. El *Centrosaurus* es un tipo de dinosaurio herbívoro caracterizado por tener un enorme y solitario cuerno óseo en el hocico, y el osteosarcoma es una neoplasia maligna ósea primaria que exhibe una incidencia mundial anual de 3,4 casos por millón de personas. En los seres humanos, la incidencia alcanza el punto máximo en la segunda década de la vida, lo que se cree que está relacionado con la rápida velocidad de crecimiento del hueso a esta edad. En los perros, el osteosarcoma es el tumor óseo más frecuente y suele aparecer en razas grandes y gigantes, como son el gran danés, el san bernardo, el dóberman y el *rottweiler*.

Los perros contraen cáncer aproximadamente al mismo ritmo que los humanos. Las cuentas están claras, uno de cada cuatro perros, en algún momento de su vida, desarrollará una neoplasia. Casi la mitad de los perros mayores de 10 años desarrollarán cáncer. Uno de los tipos de cáncer más sorprendentes que afecta a los perros es el tumor venéreo transmisible canino (CTVT), en el que las propias células cancerosas vivas actúan como agentes infecciosos y se transmiten físicamente entre perros. Es decir, el tumor venéreo transmisible canino (CTVT) es un cáncer contagioso. La enfermedad apareció en un solo perro, que vivió hace varios miles de años, y desde entonces se ha propagado entre la población canina de todo el mundo.

Los cánceres contagiosos son raros y solo han sido identificados en perros, bivalvos (como almejas y mejillones) y, en especial, en demonios de Tasmania. El demonio de Tasmania es un marsupial que en estado silvestre habita la isla de Tasmania, al sur de Australia continental. Estos animales son afectados por dos cánceres transmisibles independientes, conocidos como tumor facial del diablo 1 (DFT1) y tumor facial del diablo 2 (DFT2). Ambos

Dibujo de *Sarcophilus harrisii* o demonio de Tasmania.
(Saint-Hilaire & Cuvier, *Histoire Naturelle des Mammifères*, 1837).

cánceres son contagiados al morder y provocan la aparición de tumores en la cara o en el interior de la boca de los demonios de Tasmania afectados. Los tumores a menudo crecen hasta alcanzar grandes dimensiones y, en general, causan la muerte de los animales enfermos, con una tasa de mortalidad de casi el 100 % dentro de los 12 meses posteriores a los signos clínicos iniciales. DFT1 fue observado por primera vez en 1996. Antes de esto, no había evidencia de cánceres transmisibles en la población de demonios de Tasmania. DFT2 fue observado por primera vez en 2014. Las mordeduras entre los demonios de Tasmania son habituales. Estos animales son depredadores, carnívoros, de caninos pronunciados, y cazan presas grandes, tipo wómbats, wallabíes, ovejas y conejos, pero también pueden consumir insectos y larvas, o actuar como carroñeros. En realidad, comen de todo, incluso pieles y huesos. Esta particular glotonería ha quedado inmortalizada en el voraz Taz, un famoso personaje de dibujos animados que está inspirado en el demonio de Tasmania. Taz tiene un apetito feroz y protagoniza muchas de las aventuras de los *Looney Tunes*. La biología del tumor facial del diablo de Tasmania y los devastadores y rápidos efectos que causa sobre la población de estos animales son únicos. Como resultado del agresivo impacto de DFT1, ahora los demonios de Tasmania están considerados en peligro de extinción.

Los cánceres infecciosos pueden ser agrupados, en términos generales, en dos categorías: cánceres transmisibles directamente, donde el agente infeccioso es la propia célula cancerosa, y cánceres transmisibles indirectamente, donde el agente infeccioso es un patógeno (por ejemplo, un virus) que induce la formación de cáncer.

Los mecanismos de tumorigénesis más comunes, reconocidos tanto en animales como en humanos, incluyen mutaciones de protooncogenes involucrados en la regulación del ciclo celular, la transducción de señales y la supresión de tumores, como son los casos de Ras, Wnt o p53, o de los efectos de oncogenes virales, como Src, el primer oncogén en ser descubierto. Src fue identificado como el agente de transformación, responsable de causar cáncer, del virus del sarcoma de Rous (RSV), que infecta a pollos y a otros animales.

Los efectos y las implicaciones de los virus oncogénicos y los mecanismos de tumorigénesis, en la mayoría de las especies de vida silvestre, son poco conocidos, pero imprimen una huella colosal que puede derivar en una disminución poblacional alarmante e incluso en la extinción de una especie determinada. Los ejemplos son diversos y están desperdigados por todo el planeta.

En las costas del norte del Pacífico, es habitual contemplar leones marinos salvajes de California (*Zalophus californianus*). Estos mamíferos tienen una alta prevalencia de carcinoma urogenital. El cáncer comienza en el tracto genital y luego se propaga agresivamente a otros órganos, provocando la muerte del animal. Varios estudios han identificado un virus, el herpesvirus otarino 1 (OtHV1), en el tracto genital de la mayoría de los leones marinos con carcinoma urogenital. Los papilomas y carcinomas genitales, asociados a papilomavirus, también han sido descritos en varias especies de sirenios y de cetáceos marinos, como cachalotes, delfines de Fitzroy, delfines mulares o marsopas de Burmeister. En la vida silvestre, los tumores del tracto genital son importantes si interfieren con el éxito de la reproducción, el embarazo o el parto. En el caso de las marsopas de Burmeister, algunos estudios indican que los papilomas genitales benignos interfieren en la cópula del 10 % de los individuos.

Otro papilomavirus, el virus del papiloma bovino (BPV), afecta al ganado bovino y provoca una enfermedad infectocontagiosa, crónica, de carácter tumoral benigno y de naturaleza fibroepitelial, caracterizada por tumores localizados en la piel y en las mucosas. En équidos, incluyendo caballos, burros, mulos y cebras, el BPV puede causar los llamados «sarcoides equinos». A pesar de ser clasificados como benignos, estos sarcoides provocan una alta morbilidad en los équidos y muchas veces conducen a la decisión de sacrificar al animal. Además, algunos papilomavirus también originan papilomas y fibropapilomas cutáneos en delfines del Atlántico, manatíes, marsopas de puerto, narvales y orcas, o incluso papilomas gástricos en ballenas belugas.

Sin salir del océano, de norte a sur y de este a oeste del globo, las tortugas verdes marinas (*Chelonia mydas*) están muriendo de fibropapilomatosis asociada a un herpesvirus. La fibropapilomatosis es una enfermedad neoplásica que afecta a todas las especies de tortugas marinas, pero que infringe mayor intensidad en la tortuga verde. La enfermedad fue notificada, por primera vez, en Florida en 1938. Ahora, la incidencia es global y aflige de forma aguda a las tortugas verdes juveniles, que experimentan una prevalencia de más del 50 %. Los síntomas consisten en crecimientos tumorales debilitantes por todo el cuerpo de la tortuga. Aparecen lesiones en la boca, los ojos, las áreas de las aletas o la parte inferior del caparazón, lo que impide las actividades básicas de supervivencia, como alimentarse y nadar. A veces, los daños son internos, incluso en los pulmones, los riñones y el corazón, con consecuencias letales para las tortugas. El herpesvirus quelónido 5 (ChHV5) ha sido identificado como probable agente infeccioso viral de la fibropapilomatosis de las tortugas.

Los peces tampoco están a salvo. Por ejemplo, los salmones del Atlántico (*Salmo salar*) sufren leiomiosarcoma de vejiga natatoria asociado a la presencia de un retrovirus. El leiomiosarcoma es un tipo de cáncer poco frecuente que comienza en el tejido de los músculos lisos. La enfermedad fue notificada por primera vez

Fauna marina y algunos reptiles. A la izquierda, la especie *Chelonia mydas*. (*Animals*, vol. III, de Wiliam Bingley. Proyecto Gutenberg).

en salmones en el año 1978, en dos estudios separados llevados a cabo en Escocia en peces de acuicultura. La enfermedad apareció de nuevo en los años 1996 y 1997, en una instalación de cuarentena ubicada en el criadero nacional de peces de North Attleboro en Massachusetts (EE. UU.). Los peces, de uno a dos años, habían sido recolectados en el río Pleasant, en Maine, e iban a ser utilizados como reproductores en un programa de aumento de la población para ese río. De inicio, la enfermedad neoplásica apareció en los peces más viejos. Los salmones afectados por esta enfermedad mostraron signos de letargo, inapetencia y hemorragias en las aletas y en la superficie del cuerpo. En la primavera de 1998, la mortalidad acumulada alcanzó el 35 % de la población. Hoy en día, la aparición de la enfermedad en los sistemas de cría de salmones provoca un alto desasosiego entre los acuicultores.

La producción pesquera mundial puede ser dividida en captura y acuicultura. En el año 2021, fueron capturadas unos 92,6 millones de toneladas métricas de pescado, mientras que 85,5 millones de toneladas métricas fueron criadas a través del proceso de acuicultura controlada. Desde que comenzó, en la década de 1960, la industria del salmón producido por acuicultura, ha crecido a ritmo constante y, en la actualidad, aproximadamente el 70 % del salmón consumido en todo el mundo procede de la acuicultura. En el año 2021 fueron producidas más de 2,8 millones de toneladas de salmónidos de cultivo. En comparación, solo fueron capturadas unas 705.000 toneladas de salmónidos salvajes. La compañía Benchmark Genetics, líder en genética acuícola, desarrolla programas de cría centrados en tres especies principales: salmón, camarón y tilapia. Benchmark Genetics emplea modernas técnicas de selección y mejora que permiten abastecer a la industria mundial del salmón del Atlántico con ovas robustas y libres de enfermedades.

La marmota oriental (*Marmota monax*) es infectada por el virus de la hepatitis de la marmota (WHV), que es similar en estructura y ciclo de vida replicativo al virus de la hepatitis B humana (HBV). Al igual que el HBV, el WHV infecta el hígado y puede causar hepatitis aguda y crónica. Además, por lo general, la infección crónica por WHV en marmotas conduce, dentro de los primeros 2 a 4 años de vida del animal, al desarrollo de carcinoma hepatocelular.

Por supuesto, los pájaros no son una excepción. El virus de la leucosis aviar del subgrupo J favorece la mieloblastosis y la mielocitomatosis en periquitos australianos (*Melopsittacus undulatus*). El virus de la leucosis del sarcoma aviar (ASLV) es un retrovirus endógeno que infecta y puede provocar cáncer en aves, especialmente en pollos.

Los pollos de las praderas de Attwater (*Tympanuchus cupido attwateri*) y el tejón marsupial rayado (*Perameles bougainville*) están en peligro de extinción, en gran parte debido a la destrucción del hábitat y, en el caso de los tejones, a la introducción de depredadores, como zorros y gatos domésticos, pero también por causa de la incidencia de virus oncogénicos en los dos animales. En la década de 1990, los pollos de las praderas de Attwater estaban al límite y apenas superaban la centena. Hoy en día, las previsiones siguen siendo poco halagüeñas, porque un informe reciente, publicado en febrero de 2021, notificó que quedaban menos de cien ejemplares silvestres. La cifra de tejones marsupiales rayados es superior, pero tampoco apta para tirar cohetes. Las estimaciones indican que solo unos pocos de miles de tejones marsupiales rayados sobreviven en algunas islas de Australia occidental. A finales del siglo XX fueron establecidos programas de cría en cautividad para ambas especies, pero los proyectos han estado obstaculizados por la presencia de virus oncogénicos que causan cáncer: el virus de la reticuloendoteliosis (REV), en los pollos de las praderas de Attwater, y el virus tipo 1 de la papilomatosis y carcinomatosis del tejón marsupial rayado (BPCV1), en el tejón marsupial rayado.

El virus de la reticuloendoteliosis (REV) es un tipo de gammaretrovirus aviar, similar a los retrovirus tipo C de los mamíferos, que infecta gran variedad de especies de aves de los órdenes Anseriformes, Galliformes y Passeriformes, y que está asociado con la aparición de linfomas en los pollos de las praderas de Attwater. La variedad de manifestaciones de la enfermedad es amplia e incluye anemia, proventriculitis, inmunosupresión, síndrome de retraso del crecimiento y neoplasia. Este virus tiene una fuerte repercusión negativa en la industria avícola mundial y ha lastrado, durante décadas, los esfuerzos de recuperación de la subespecie *Tympanuchus cupido attwateri*. De hecho, en los años 2016 y 2017, el virus fue la principal causa de muerte entre los pollos de la pradera de Attwater adultos que eran criados en las instalaciones de cría en cautiverio del Fossil Rim Wildlife Center (FRWC) en Glen Rose, Texas.

En el caso del tejón marsupial rayado, el afán por recuperar la especie ha chocado con la presencia, en animales cautivos y salvajes, del virus tipo 1 de la papilomatosis y carcinomatosis del tejón marsupial rayado (BPCV1), que provoca lesiones progresivas debilitantes y la aparición, en estos marsupiales, de papilomas y carcinomas fatales.

A los evidentes problemas originados en la fauna salvaje por los microorganismos que originan cáncer, es necesario sumar las trabas colosales que suponen algunos de estos patógenos en las actividades ganaderas. Un ejemplo indiscutible es el virus de la leucemia bovina (BLV). Este retrovirus es el agente causal de la leucosis bovina enzoótica, también conocida como «leucosis bovina», que

*Perameles bougainville*, conocido como tejón marsupial rayado.

es la enfermedad neoplásica más común del ganado lechero y de carne. El virus de la leucemia bovina (BLV) está estrechamente relacionado con los virus de la leucemia de células T humanas tipos 1 y 2 (HTLV-1 y HTLV-2) y con los virus de la leucemia de células T de los simios (STLV). La mayoría del ganado infectado con BLV, alrededor del 70 %, es asintomático. Esta situación acarrea que, dentro de las poblaciones de ganado, exista una tasa de excreción muy alta del virus y, en consecuencia, que el control sea inviable. Cerca del 30 % del ganado infectado con BLV desarrolla linfocitosis persistente, y entre el 1 y el 5 %, después de un largo período de latencia, que varía de 1 a 8 años, puede desarrollar tumores en forma de linfosarcoma maligno de células B.

El sistema inmunitario del ganado infectado está deteriorado, incluso durante las etapas latentes de la leucemia, y esto conduce a la incapacidad de los animales para mantener un rendimiento normal. Por lo tanto, la infección por BLV tiene efectos negativos sobre la salud y la productividad de los individuos afectados. La enfermedad causa enormes pérdidas económicas en todo el mundo, a través de costos directos e indirectos. Directamente porque se reduce la producción de leche, conlleva un impacto extremo en la reproducción y algunas vacas deben ser sacrificadas antes de tiempo, e indirectamente porque las importaciones de animales de áreas infectadas con BLV están restringidas. Por ello, la leucosis bovina tiene capacidad para sacudir porrazos formidables en el comercio internacional. En Estados Unidos, el BLV infecta a más del 40 % de la población bovina estadounidense y las pérdidas económicas anuales han sido estimadas, solo por la merma de leche, en unos 525 millones de dólares.

En definitiva, salvo algunas excepciones, como la leucemia felina, los cánceres en animales provocados por microbios son desconocidos en general, pero la incidencia y diversidad es considerable, por lo que pueden representar una gran reserva de información biomédica infrautilizada, con implicaciones críticas para la oncología humana y la medicina en general.

# 📖 PARA LEER MÁS:

ALBURQUERQUE, Thales (2018). «From humans to hydra: patterns of cancer across the tree of life». *Biological Reviews* 93: 1715-1734.

EKHTIARI, Seper (2020). «First case of osteosarcoma in a dinosaur: a multimodal diagnosis». *The Lancet Oncology* 21 (8): P1021-1022.

MADSEN, Thomas (2022). «Transmissible cancer and longitudinal telomere dynamics in Tasmanian devils (*Sarcophilus harrisii*)». *Molecular Ecology* (24): 6531-6540.

METZGER, Michael (2016). «Widespread transmission of independent cancer lineages within multiple bivalve species». *Nature* 534: 705-709.

SURESH, Manasa (2021). «Application of the woodchuck animal model for the treatment of hepatitis B virus-induced liver cancer». *World Journal of Gastrointestinal Oncology* 13 (6): 509-535.

VÁZQUEZ, Juan Manuel (2018). «A Zombie LIF Gene in Elephants Is Upregulated by TP53 to Induce Apoptosis in Response to DNA Damage». *Cell Reports* 24 (7): 1765-1776.

VINCZE, Orsolya (2022). «Cancer risk across mammals». *Nature* 601 (7892): 263-267.

WONG, Kim (2019). «Cross-species genomic landscape comparison of human mucosal melanoma with canine oral and equine melanom». *Nature Communications* 10 (1): 353.

WOOLFORD, Lucy (2009). «Prevalence, Emergence, and Factors Associated with a Viral Papillomatosis and Carcinomatosis Syndrome in Wild, Reintroduced, and Captive Western Barred Bandicoots (*Perameles bougainville*)». *EcoHealth* 6: 414-425.

# MARRAMAMIAU, MIAU, MIAU

*Don Gato y su pandilla* es una serie de dibujos animados, de treinta episodios, ideada y producida por los estudios Hanna-Barbera en el año 1961. Los capítulos fueron emitidos, a partir del 27 de septiembre de 1961 y hasta el 18 de abril de 1962, en el horario estelar en la cadena ABC de los Estados Unidos. Al poco, la serie fue televisada en muchos otros países, incluida España.

Don Gato, el protagonista de la serie y líder de una pandilla felina callejera de Manhattan, es un gato de color amarillo, liante, astuto y persuasivo, que viste sombrero y chaleco violeta. En el séptimo episodio de la serie, titulado «Don Gato se enamora», a Benny (Benito Bodoque), uno de los gatos del clan, le extirpan las amígdalas, por lo que la pandilla acude de visita al hospital. Don Gato no quiere ir, pero, cuando el oficial Charlie Dibble (oficial Matute) exige que limpie el callejón, utiliza la visita a Benny como excusa para escapar. En el hospital, Don Gato conoce a la señorita LaRue, la enfermera de Benny, e inmediatamente cae enamorado de la bella gatita. Don Gato utiliza todas las artimañas conocidas para captar la atención de la señorita LaRue, pero la enfermera no parece interesada. En el último intento desesperado por permanecer en el hospital y ser atendido, Don Gato finge tener «blubberitis», una enfermedad ficticia caracterizada por provocar convulsiones y un sinfín de síntomas adicionales. El embuste es de traca, pero la señorita LaRue, el oficial Matute y la panda caen en la trampa y, pensando que Don Gato va a morir, deciden pasar la última Navidad con él, y, a pesar de que era julio, decoran la habitación, cantan villancicos y cuelgan muérdago sobre la cama.

Justo un año y medio después de ser emitido el último episodio de *Don Gato y su pandilla*, el 18 de octubre de 1963 a las 8:09 a. m., una gata callejera blanca y negra, llamada Félicette y encontrada en las calles de París por un vendedor de mascotas, fue lanzada, por la agencia espacial francesa, en un cohete sonda al espacio desde el Centro Interarmées D'essais D'engins Spéciaux en Argelia. Félicette fue el primer felino enviado al espacio exterior.

Se estima que, solo en los Estados Unidos, deambulan por las calles entre 60 y 100 millones de gatos sin hogar. Según el informe «Epidemiology of Dog and Cat Abandonment in Spain», en el año 2019, en España, fueron recogidos en refugios 129.000 gatos abandonados. Las últimas estadísticas señalan que en el planeta viven aproximadamente 600 millones de gatos, de los cuales 480 millones son callejeros. Los gatos salvajes o ferales viven vidas cortas y duras en las calles, y es normal que mueran jóvenes, muchos

Gato con conjuntivitis en uno de sus ojos.

por enfermedades infecciosas. El herpesvirus felino causante de conjuntivitis, el sida felino, la peritonitis infecciosa y la leucemia felina son afecciones comunes en los gatos callejeros.

En 1964, transcurridos un par de años del estreno de los dibujos protagonizados por Don Gato, el patólogo británico William Jarrett describió el virus de la leucemia felina (FeLV), un gammaretrovirus patógeno que resultó ser el agente infeccioso responsable de la mitad de los casos observados de leucemia y linfoma felino.

El virus de la leucemia felina (FeLV) es una de las enfermedades infecciosas más importantes de los gatos en todo el mundo, y varios de los síntomas que causa son similares a los provocados por la inventada «blubberitis» de Don Gato. El FeLV puede infectar a los gatos domésticos y a los felinos salvajes. Una de las teorías más aceptadas es que el virus de la leucemia felina se originó a partir de un virus derivado de roedores que evolucionó para infectar a los gatos como consecuencia de la relación depredador-presa. Hasta ahora han sido descritos seis subgrupos diferentes del virus, denominados FeLV-A, FeLV-B, FeLV-C, FeLV-D, FeLV-E y FeLV-T. El subgrupo FeLV-A es el encontrado con mayor frecuencia.

Las interacciones cercanas con los gatos domésticos, incluida la depredación, pueden conducir a la transmisión interespecífica del virus a pumas, gatos monteses, linces ibéricos u otras especies felinas. Por lo tanto, la aparición de brotes de FeLV en la vida silvestre es un escenario preocupante para la conservación de determinadas especies que tienen cuellos de botella poblacionales, como son las que están en peligro de extinción, ya que, debido a la reducción de la diversidad genética, los individuos podrían ser más vulnerables a la infección. Por ejemplo, el 21 % de los linces ibéricos muestreados entre los años 2003 y 2007 dieron positivo para FeLV, y varios murieron por una enfermedad relacionada con el virus. El virus de la leucemia felina ha demostrado ser crítico en la población de lince ibérico desde la aparición de un brote en 2007 en Doñana, uno de los últimos bastiones de la especie. Ese brote agresivo mató a dos tercios de los linces infectados, probablemente debido a una mayor susceptibilidad del huésped a los patógenos, ya que las secuencias de FeLV aisladas de ese brote revelaron su relación con las infecciones de FELV-A que ocurren naturalmente en los gatos domésticos. En el mismo sentido, la pantera de Florida (*Puma concolor coryi*), en peligro de extinción, tuvo un brote de infección por el virus de la leucemia felina a principios de la década de 2000. Entre los años 2001 y 2004, diez panteras de Florida dieron positivo para FeLV y tres animales murieron. En diciembre de 2010, fueron encontradas muertas seis panteras de Florida. Todos los animales dieron positivo para el virus de la leucemia felina.

Los síntomas de la infección varían considerablemente e incluyen, entre otros, fiebre, letargo, mal estado del pelaje, convulsiones y trastornos neurológicos, infecciones de la piel, diarrea persistente, pérdida de apetito y merma de peso. El 3 % de los gatos en los Estados Unidos están infectados, pero la prevalencia alcanza el 15 % en Europa, el 28 % en América del Sur y el 24 % en Asia, Australia y Nueva Zelanda.

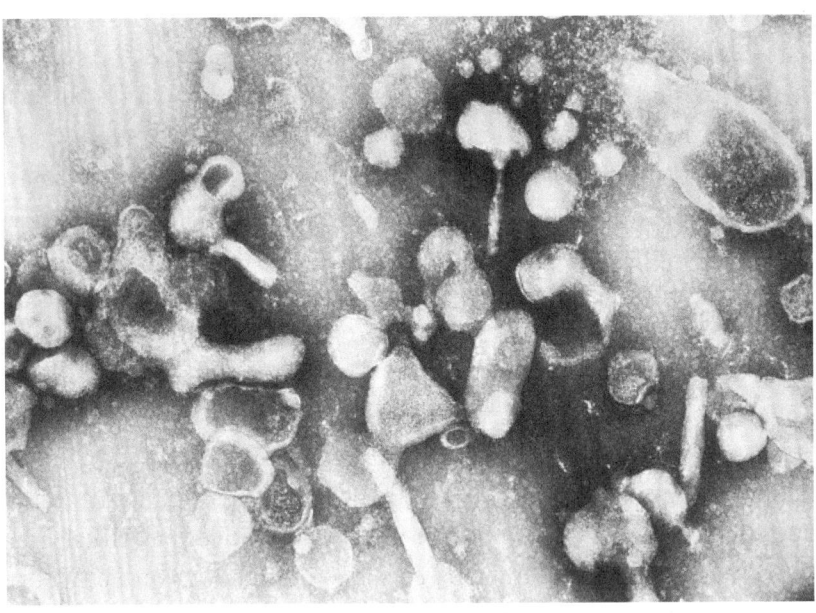

Micrografía electrónica del virus de la leucemia felina (FeLV).

Los gatos afectados pueden desarrollar una gran variedad de enfermedades, que incluyen linfadenopatía, anemia, supresión de la médula ósea, supresión inmunitaria, linfoma y leucemia. El 15 % de los gatos infectados desarrollan cáncer, siendo el tipo más frecuente la leucemia y el linfosarcoma, que causa tumores sólidos, observables en varios sitios, como el intestino, los riñones, los ojos y la cavidad nasal. La enfermedad empeora con el tiempo y suele ser mortal. La esperanza de vida de un gato infectado con FeLV es unas 2,5 veces menor que la de un gato no infectado. El descubrimiento del virus de la leucemia felina abrió el campo de la retrovirología felina y los descubrimientos relacionados con los mecanismos de oncogenes y cánceres inducidos por retrovirus.

El virus de la leucemia felina es transmitido a través de la saliva, la sangre y la orina de gatos infectados. El contacto directo con estos fluidos corporales, el aseo mutuo, las cajas de arena, los platos de comida compartidos y las peleas exponen a los gatos no infectados al virus. La transmisión también puede tener lugar de una madre gata infectada a sus gatitos, ya sea antes del nacimiento, mientras están en el útero o durante la lactancia, a través de la leche materna. Es probable que la transmisión de una madre a sus cachorros sea la mayor fuente de infección. Sin embargo, los gatos de todas las edades pueden contraer el virus y desarrollar la enfermedad.

La inmunosupresión causada por FeLV aumenta la susceptibilidad a neoplasias, gingivoestomatitis crónica e infecciones bacterianas, fúngicas, protozoarias y virales. FeLV causa neoplasia en gatos principalmente como resultado de mutagénesis por inserción, por la cual el virus activa protooncogenes, en especial c-myc, pero también otros, como flit-1, o interrumpe genes supresores de tumores.

Los tipos más comunes de neoplasia en gatos infectados con FeLV son el linfoma y la leucemia. Los gatos infectados con FeLV tienen probabilidades superiores a 60 veces de desarrollar linfoma que los gatos no infectados con virus de la leucemia felina. Los tipos más comunes de linfoma en gatos infectados con FeLV son linfoma tímico, multicéntrico, espinal, renal u ocular. No existe tratamiento eficaz para el FeLV, por lo que prevenir la infección mediante la vacunación es muy importante.

Pintura en lienzo del artista austriaco Carl Kahler, titulada *Los amantes de mi esposa*, que representa cuarenta y dos gatos de Angora turcos de la millonaria estadounidense Kate Birdsall Johnson. En noviembre de 2015, la pintura fue vendida en Sotheby's a un comprador privado de California por 826.000 $.

Hay disponibilidad de vacunas inactivadas, de subunidades y recombinantes, que incorporan una cepa vacunal de un virus de la viruela del canario que expresa los genes env y gag del FeLV-A. Las vacunas están disponibles para gatos domésticos y son efectivas durante al menos un año después de la administración. Por desgracia, ninguna vacuna brinda una protección del 100 %. Aun así, varios estudios apuntan a que gatos no vacunados con heridas por mordedura tenían 7,5 veces más probabilidades de contraer FeLV que los gatos vacunados con heridas por mordedura. Además, las vacunas que utilizan la subunidad gp70, diseñadas para gatos domésticos, logran aumentar los títulos de anticuerpos en guepardos, tigres y servales. De momento, aunque el virus de la leucemia felina puede replicarse en líneas celulares humanas, nunca ha sido detectada evidencia concluyente de infección natural con FeLV en humanos.

# 📖 PARA LEER MÁS:

ACEVEDO-JIMÉNEZ, Gabriel Eduardo (2023). «Detection and genetic characterization of feline retroviruses in domestic cats with different clinical signs and hematological alterations». *Archives of Virology* 168: 2.

CHIU, Elliott (2019). «Multiple Introductions of Domestic Cat Feline Leukemia Virus in Endangered Florida Panthers». *Emerging Infectious Diseases* 25 (1): 92-101.

DEZUBIRIA, Paola (2023). «Animal shelter management of feline leukemia virus and feline immunodeficiency virus infections in cats». *Frontiers in Veterinary Science* 9: 1003388.

ERBECK, Katelyn (2021). «Feline Leukemia Virus (FeLV) Endogenous and Exogenous Recombination Events Result in Multiple FeLV-B Subtypes during Natural Infection». *Journal of Virology* 95 (18): e00353-21.

HARTMANN, Katrin (2020). «What's New in Feline Leukemia Virus Infection». *Veterinary Clinics of North America: Small Animal Practice* 50 (5): 1013-1036.

PETCH, Raegan (2022). «Feline Leukemia Virus Frequently Spills Over from Domestic Cats to North American Pumas». *Journal of Virology* 96 (23): e0120122.

# EXPERIMENTO HARLOW
# Y EL VIRUS SV40

Durante la década de 1950, el laboratorio de primates del psicólogo estadounidense Harry Harlow fue ampliado varias veces, con
el objetivo de poder albergar a una creciente colonia de simios,
que era necesaria para estudiar el desarrollo del aprendizaje en los
monos desde el nacimiento.

Por desgracia, en el año 1955, un brote de tuberculosis casi
acabó con la población de macacos Rhesus (*Macaca mulatta*) que
vivían en las instalaciones de Harlow. La tuberculosis simia es una
de las enfermedades bacterianas más importantes de los primates no humanos. Los brotes de tuberculosis en colonias de primates han sido documentados casi desde que estos animales son
utilizados en experimentación o exhibidos en parques zoológicos.
Los casos son habituales. Sin ir más lejos, en el otoño de 2022,
diez primates murieron a causa de un brote de tuberculosis en
el Zoológico y Parque Botánico de Tsimbazaza, en Madagascar,
incluidos ocho lémures rufos blancos y negros, un sifaka y una
fosa. La enfermedad no había sido documentada en estas especies
en la naturaleza.

Previendo el desastre que podía ocurrir, el suceso del laboratorio de Harlow puso a punto de nieve todas las alarmas y dilató
sobremanera los esfínteres del personal vinculado al proyecto. De
inmediato fueron dictaminadas diversas medidas para evitar que
volviera a suceder. Una de las principales consistió en separar,
doce horas después del nacimiento, a los macacos Rhesus bebés de
sus madres. Los monitos, desterrados de los brazos de mamá, eran

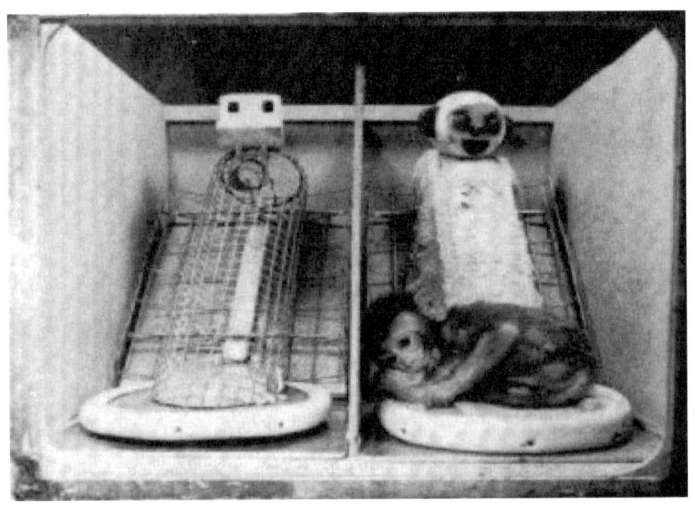

Experimento del psicólogo Harry F. Harlow sobre la importancia y la necesidad del afecto con mono Rhesus.

colocados en jaulas separadas, con la finalidad de evitar el contagio de alguna enfermedad infecciosa. Como resultado, los monos bebés no contrajeron tuberculosis, pero comenzaron a exhibir un comportamiento extraño y patológico. Los pequeños macacos, en ausencia de la figura maternal, buscaban una sustituta, aunque esta fuera un objeto inanimado, y para obtener calor y seguridad solían aferrarse a la toalla que cubría el fondo de las jaulas. Al cabo de un tiempo, entrado el año 1958, un amigo y colega de Harlow, el psicoanalista inglés John Bowlby, señaló, durante una visita al laboratorio de primates, que este comportamiento era probablemente el resultado de la falta de amor materno. Bowlby es famoso por desarrollar, junto con Mary Ainsworth, la teoría del apego.

Intrigado por el comportamiento de los monos, Harlow analizó la conducta de los pequeños macacos diseñando una serie de controvertidos experimentos, en los que creó dos tipos de madres sustitutas inanimadas, unas fabricadas con tela y otras con alambre metálico, y que, además, eran capaces de proporcionar leche a través de un biberón. La necesidad de calidez y contacto corporal parecía ser innata, porque en múltiples situaciones, incluidas tesituras de estrés, miedo o soledad, los macacos bebés prefirieron la comodidad del contacto de la madre hecha de tejido suave y que no alimentaba, al frío metal que suministraba comida. Algunos investigadores citan estos experimentos como un factor clave en el surgimiento del movimiento de liberación animal en los Estados Unidos.

De todas las especies de primates no humanos estudiadas por los investigadores, el macaco Rhesus es posiblemente el más utilizado en todas las disciplinas biológicas. Desde la Revolución Industrial, a finales del siglo XVIII, los macacos Rhesus han prosperado de forma considerable y ahora tienen el rango natural más grande de cualquier primate no humano. Son muy sociales, exhiben una marcada diversidad genética y muestran una notable flexibilidad de nicho, lo que les permite vivir en gran variedad de hábitats y sobrevivir con una vasta heterogeneidad de dietas. Estas características implican que los macacos Rhesus son adecuados para comprender los vínculos entre la sociabilidad, la salud y el estado físico, y también para investigar la variación intraespecífica, la adaptación y otros temas de la ecología evolutiva, por lo que son arquetipos excepcionales para ser empleados en investigación.

De hecho, también varias líneas celulares obtenidas a partir del macaco Rhesus han sido empleadas para diversos usos biomédicos. Las líneas celulares ofrecen un sistema simple para el estudio de las infecciones virales, la realización de ensayos de citotoxicidad y análisis de fármacos, el esclarecimiento de la función de determinados genes o el desarrollo y producción de anticuerpos y vacunas, aparte de otras cuestiones. Entre los ejemplos, puede ser citada la línea celular LLC-MK2, que fue establecida, a mediados de la década de 1950, a partir del tejido renal de seis monos Rhesus adultos, y que ha sido utilizada en la producción de vacunas contra las paperas y en el aislamiento de virus parainfluenza. Del mismo modo, la línea celular FRhK-4, obtenida a partir de riñones fetales de macaco Rhesus, ha sido empleada para propagar y estudiar los virus de la hepatitis. En el mismo sentido, a mediados del siglo XX, las células de riñón de macaco Rhesus eran ampliamente utilizadas para fabricar las vacunas contra la poliomielitis. Sin embargo, el proceso desencadenó un desastre que nadie intuyó, porque el desarrollo y la distribución mundial de las primeras formas de la vacuna contra la poliomielitis, la inactivada de Salk y la viva atenuada de Sabin, facilitaron el descubrimiento y la introducción como patógeno en la población humana del poliomavirus SV40.

Los huéspedes naturales reconocidos del virus símico 40 (SV40) son especies de monos macacos asiáticos, especialmente el macaco Rhesus. El virus ha sido hallado en muchas poblaciones silvestres, donde rara vez causa una enfermedad evidente, pero establece infecciones persistentes, a menudo en los riñones de individuos susceptibles. En simios inmunodeficientes, el SV40 actúa de forma similar a los virus JC y BK humanos, produciendo

Fotografía de Sam, un macaco Rhesus que fue lanzado al espacio, el 4 de diciembre de 1959, en el cohete Little Joe 2, como parte del programa Mercury de los Estados Unidos.

Seguidamente, el 21 de enero de 1960, viajó otro mono Rhesus; esta vez, una hembra, llamada Miss Sam, a bordo del cohete Little Joe 1B.

afecciones renales y enfermedades graves parecidas a la leucoencefalopatía multifocal progresiva. En otras especies animales, en particular hámsteres, el virus SV40 ocasiona una pléyade de diversos tumores, generalmente sarcomas.

La infección natural del SV40 en humanos es considerada un evento raro, restringido a las personas que viven en contacto con monos, que son los huéspedes naturales del virus. Gran parte de los casos ocurren en habitantes de las aldeas indígenas ubicadas cerca de la selva y en los trabajadores que atienden a los simios en zoológicos e instalaciones para animales. Sin embargo, la mayor fuente de exposición humana al SV40 ocurrió entre 1955 y 1963, cuando cientos de millones de personas en los Estados Unidos, Canadá, Europa, Asia y África recibieron vacunas antipoliomielíticas, vivas e inactivadas, que habían sido preparadas a partir de poliovirus cultivados en células de riñón de macaco Rhesus que, ¡vaya por Dios!, estaban infectadas de forma natural con el virus símico 40. Tras detectar la contaminación, el Gobierno de EE. UU. estableció requisitos exigentes para verificar que todos los lotes nuevos de vacunas contra la poliomielitis estuvieran libres de SV40.

Poco después de ser descubierto, fue demostrado que el SV40 es un potente virus oncogénico y que, en modelos animales, origina diversas neoplasias, incluidos tumores cerebrales primarios, osteosarcomas, mesotelioma maligno y linfomas sistémicos. La capacidad oncogénica en animales del SV40 ha levantado cierta preocupación relacionada con que el virus pueda causar cáncer en humanos. Sin embargo, la mayoría de los estudios que analizan la relación entre el SV40 y la aparición de cánceres en personas vacunadas contra la polio en las décadas de 1950 y 1960 son tranquilizadores, ya que no encuentran una relación causal entre recibir la vacuna contra la poliomielitis contaminada con SV40 y el desarrollo de cáncer.

No obstante, varios estudios han mostrado que los principales tipos de tumores inducidos por el SV40 en animales de laboratorio son los mismos que los tumores malignos humanos, en especial mesoteliomas y linfomas no hodgkinianos, en los que ha sido hallado material genético del virus. De hecho, al parecer, el SV40 es capaz de inactivar los genes p53 y RASSF1A, que son supresores de tumores.

A la izquierda, uno de los cargamentos de monos que, a mediados de la década de 1950, fueron transportados por la compañía Transocean Airlines desde India y Filipinas para fabricar las vacunas contra la poliomielitis de Salk. A la derecha, la fotografía muestra cómo la primera vacuna contra la polio de Salk llega al aeropuerto de Schiphol, Ámsterdam (Holanda Septentrional), en 1957.

Además, el SV40 contribuye al desarrollo de tumores al activar los receptores del factor de crecimiento, incluidos Met, Notch-1 y IGF-1R, que potencian la división celular y el proceso de carcinogénesis mediante la activación de la quinasa regulada por señales extracelulares y las vías AP-1. Por ello, algunos análisis recientes sugieren que el SV40 debería de ser incluido en el grupo 2A de la lista de carcinógenos de la Agencia Internacional para la Investigación del Cáncer, es decir, dentro del grupo de agentes para los cuales la evidencia es indicativa, pero no definitiva, de provocar carcinogénesis en humanos.

A pesar de algunos indicios, las pruebas no son concluyentes y, de momento, la Agencia Internacional para la Investigación del Cáncer incluye al SV40 en el grupo 3, es decir, en el grupo de agentes no clasificables en cuanto al potencial carcinogénico en humanos. Es posible que en un futuro cercano podamos dilucidar y demostrar el papel del SV40 en los tumores humanos, si es que tiene alguno.

## 📖 PARA LEER MÁS:

BUTEL, Janet (2012). «Patterns of polyomavirus SV40 infections and associated cancers in humans: a model». *Current Opinion in Virology* 2 (4): 508-514.

CARBONE, Michele (2020). «SV40 and human mesotelioma». *Translational Lung Cancer Research* 9: S47-S59.

MEESAWAT, Suthirote (2023). «Prevalence of *Mycobacterium tuberculosis* Complex among Wild Rhesus Macaques and 2 Subspecies of Long-Tailed Macaques, Thailand, 2018-2022». *Emerging Infectious Diseases* 29 (3): 551-560.

ROTONDO, John Charles (2019). «Association Between Simian Virus 40 and Human Tumors». *Frontiers in Oncology* 9: 670.

VAN ROSMALEN, Lenny (2022). «Harry Harlow's pit of despair: Depression in monkeys and men». *The Journal of the History of the Behavioral Sciences* 58 (2): 204-222.

ZHANG, Lei (2010). «Tissue Tropism of SV40 Transformation of Human Cells». *Genes & Cancer* 1 (10): 1008-1020.

# RETROVIRUS ENDÓGENO HUMANO K

Alrededor del 8 % del genoma humano está compuesto por secuencias de origen viral, pertenecientes a los denominados «retrovirus endógenos humanos» (HERV). Los HERV son reliquias de infecciones antiguas que afectaron, a lo largo de los últimos 100 millones de años, a la línea germinal de los primates y que, con el tiempo, quedaron convertidos en elementos estables en la interfaz entre el ADN propio y el extraño. Así, desde hace millones de años, los HERV, que han persistido en los linajes de células germinales, se han transmitido verticalmente de ancestros a descendientes.

Por extraño que parezca, la coevolución de los HERV con el huésped condujo a la domesticación de actividades que eran dedicadas al ciclo de vida del retrovirus. Este hecho inusitado proporcionó nuevas y alucinantes funciones celulares. Por ejemplo, fueron adaptadas y seleccionadas proteínas de la cubierta del HERV para fines relacionados con el embarazo, como son la formación de la placenta y el desarrollo embrionario de los mamíferos. En concreto, el origen de los genes que codifican la producción de sincitinas son genes env de retrovirus endógenos. En los seres humanos, las sincitinas son proteínas que promueven la fusión de los trofoblastos, un grupo de células que forman la capa externa del blastocisto, que es una estructura embrionaria presente en las etapas tempranas del desarrollo de los mamíferos. Los trofoblastos unidos entre sí forman el sincitiotrofoblasto, un tejido que es el precursor de la placenta.

Durante mucho tiempo los HERV fueron considerados como meros elementos genéticos vestigiales, pero ahora acumulamos evidencias que sugieren un papel funcional potencial en numerosas patologías, incluidas enfermedades neurodegenerativas, trastornos autoinmunes y múltiples cánceres. Por desgracia, la activación transcripcional de los HERV es una característica común en los cánceres humanos, que involucra a los retrovirus endógenos humanos como elementos causales o cofactores que contribuyen al inicio y a la progresión del cáncer en las personas. Hasta el momento, varios estudios han demostrado la presencia de transcritos de HERV, proteínas y partículas virales en varios cánceres humanos, como el de ovario, mama, próstata, riñón y muchos otros.

Uno de los miembros más jóvenes de este grupo de elementos transponibles es el retrovirus endógeno humano K o HERV-K (HML-2). Al igual que la mayoría de las secuencias de HERV,

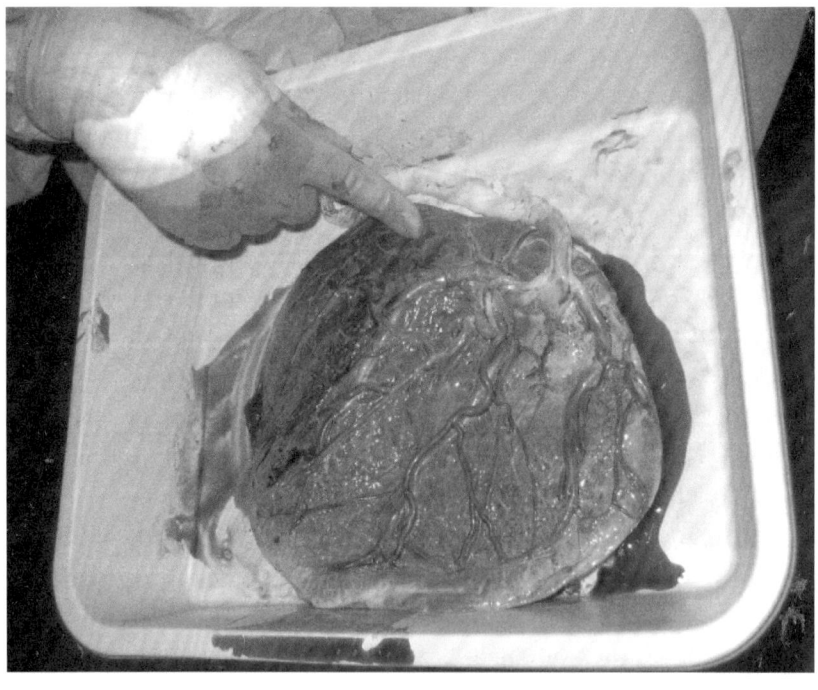

Placenta humana mostrada unos minutos después del nacimiento.

importantes mutaciones posteriores a la inserción han desarmado a HERV-K (HML-2), evitando que produzca partículas virales infecciosas. Casi todos los HERV han adquirido mutaciones o deleciones. Sin embargo, algunas inserciones han conservado una capacidad de codificación limitada, y, en apariencia, los HERV-K codifican marcos abiertos de lectura (ORF) intactos en el genoma humano.

La primera secuencia completa de HERV-K data del año 1986. En la actualidad, el supergrupo HERV-K consta de once subgrupos, denominados HML1 a 11. La designación HML (*human mouse mamary tumor viruslike*) es debida a su estrecha relación con el MMTV, que es responsable de la transmisión vertical del cáncer de mama murino.

De manera similar a los retrovirus integrados, una secuencia completa de HERV está compuesta principalmente de regiones gag, pro, pol y env, intercaladas entre dos repeticiones terminales largas (LTR). El subgrupo HML-2 fue integrado hace unos 250.000 años y, en base a sus secuencias LTR, puede ser segregado en tres grupos, denominados LTR5A, LTR5B y LTR5H.

Los LTR contienen los principales promotores, potenciadores y regiones de transactivación para la transcripción de HERV, lo que regula la activación y expresión de los genes de HERV. En este sentido, las regiones gag y pol generalmente codifican poliproteínas, que luego son procesadas en proteínas individuales, y el producto del gen env es una proteína glicosilada que se escinde en dos proteínas de la cubierta viral: una unidad de superficie (SU) y una unidad transmembrana (TM). Ha sido comprobado que las secuencias LTR de algunos HERV pueden promover tumores porque generan inestabilidad genética y alteran el patrón de metilación del DNA. De hecho, varios genes regulados por secuencias LTR de HERV han sido relacionados con tumores de mama o de testículo, entre otros.

Asimismo, algunas proteínas virales de los retrovirus endógenos humanos, como HERV-K Env, Rec y Np9, así como HERV-W-Env, han sido detectadas en tumores y se ha propuesto que tienen propiedades oncogénicas. En las células adultas sanas, la expresión de genes HERV es inhibida por regulación epigenética.

Lamentablemente, en algunas enfermedades, como el cáncer, los mecanismos epigenéticos están desregulados y muchos genes, previamente reprimidos, se expresan, incluidos los genes HERV-K.

Por si fuera poco, numerosos análisis demuestran que HERV-K (HML-2) es inducible por andrógenos en líneas celulares de cáncer de mama y próstata, y múltiples estudios han detectado la presencia de HML-2 en cáncer hepatocelular, pancreático, urotelial, de pulmón, de ovario, melanoma, sarcoma, linfoma y leucemia.

Aunque percibo cierto desasosiego, no todo son malas noticias, porque, curiosamente, algunos retrovirus endógenos también pueden ser responsables de proteger al huésped contra infecciones virales externas. En concreto, las proteínas derivadas de los genes env de algunos retrovirus endógenos pueden actuar como factores de restricción contra otros retrovirus exógenos. Por ejemplo, el genoma de las ovejas contiene un retrovirus endógeno denominado «enJSRV56A1», que fue fijado al material genético hace unos 3 millones de años, y que expresa una proteína Env con capacidad de bloquear e impedir la infección del retrovirus ovino Jaagsiekte (JSRV).

El retrovirus ovino Jaagsiekte (JSRV) transforma con diligencia el epitelio pulmonar de las ovejas y, con menos frecuencia, el de las cabras, en células cancerosas, originando un tipo de cáncer de pulmón contagioso denominado «adenocarcinoma pulmonar ovino», que es el tumor pulmonar más corriente en ovejas. Un signo clínico muy característico de la enfermedad es la eliminación de un fluido espumoso, a veces en grandes cantidades, a través de los orificios nasales, cuando el tercio posterior del animal es levantado y bajada la cabeza. La muerte de las ovejas afectadas es inevitable, y el desenlace suele estar producido por una complicación bacteriana.

Estudios recientes apuntan a que el efecto antiviral de los retrovirus endógenos también puede existir para los humanos. En octubre de 2022, la revista *Science* publicó un trabajo en el que los investigadores demostraron cómo una proteína humana, de origen retroviral, es capaz de bloquear un receptor celular que permite la entrada e infección viral por una amplia gama de retrovirus que circulan en muchas especies no humanas. De este modo, los antiguos retrovirus integrados en el genoma humano proporcionan un mecanismo de protección del embrión en desarrollo contra la infección por virus afines.

Múltiples estudios han mostrado las perspectivas prometedoras que presentan los retrovirus endógenos humanos como biomarcadores de diagnóstico y pronóstico en varios tipos de cáncer. Además, ha quedado demostrado el papel de los HERV en múltiples neoplasias malignas y, aunque aún no es comprendido por completo el grado en que la activación y la expresión de estos retrovirus afectan al desarrollo del cáncer en humanos, es evidente que parecen ser actores importantes en los procesos carcinogénicos, y no solo meros fósiles evolutivos.

## 📖 PARA LEER MÁS:

BALESTRIERI, Emanuela (2021). «Evidence of the pathogenic HERV-W envelope expression in T lymphocytes in association with the respiratory outcome of COVID-19 patients». *eBioMedicine* 66: 103341.

BURN, Aidan (2022). «Widespread expression of the ancient HERV-K (HML-2) provirus group in normal human tissues». *PLoS Biology* 20 (10): e3001826.

DERVAN, Eoin (2021). «Ancient Adversary – HERV-K (HML-2) in Cancer». *Frontiers in Oncology* 11: 658489.

FRANK, John (2022). «Evolution and antiviral activity of a human protein of retroviral origin». *Science* 378 (6618): 422-428.

JANSZ, Natasha (2021). «Endogenous retroviruses in the origins and treatment of cancer». *Genome Biology* 22: 147.

MALFAVON-Borja, Ray (2015). «Fighting Fire with Fire: Endogenous Retrovirus Envelopes as Restriction Factors». *Journal of Virology* 89 (8): 4047-4050.

MAO, Jian (2021). «Human endogenous retroviruses in development and disease». *Computational and Structural Biotechnology Journal* 19: 5978-5986.

NG, Kevin (2023). «Antibodies against endogenous retroviruses promote lung cancer immunotherapy». *Nature* 616: 563-573.

VARGIU, Laura (2016). «Classification and characterization of human endogenous retroviruses; mosaic forms are common». *Retrovirology* 13: 7.

# XMRV, HISTORIA DE UN ERROR Y DE UN FRAUDE

En el año 2006, fue descubierto, a partir de un par de biopsias de una cohorte de hombres estadounidenses con cáncer de próstata, y en una línea celular conocida como 22Rv1, un nuevo retrovirus, que era muy similar a los virus de ratón que causan leucemia. El virus recibió el nombre de «virus xenotrópico relacionado con el virus de la leucemia murina» (XMRV).

Los virus xenotrópicos, generalmente virus endógenos, pueden replicarse en algunas especies heterólogas, pero no en la especie original, mientras que los virus ectotrópicos son específicos de una especie original o especies cercanas y los virus anfotrópicos muestran un espectro amplio de huéspedes. 22Rv1 es una línea celular epitelial de carcinoma de próstata humano, derivada de un xenoinjerto que fue propagado en serie en ratones, después de la regresión inducida por castración y la recaída del xenoinjerto CWR22 dependiente de andrógenos original. La línea celular expresa antígeno prostático específico (PSA), que es una proteína producida por las células normales, así como por células malignas de la glándula prostática.

Poco después de este descubrimiento inicial, el virus XMRV también fue detectado en muestras de pacientes con síndrome de fatiga crónica (SFC).

El hallazgo tuvo una trascendencia inmediata, porque el cáncer de próstata es el segundo cáncer más diagnosticado y la quinta causa principal de muerte por cáncer entre hombres en todo el mundo. En el año 2020 hubo más de 1,4 millones de nuevos casos de cáncer de próstata y 375.304 muertes relacionadas. Cada año, en los Estados Unidos, son notificados alrededor de 250.000 casos nuevos y unas 35.000 muertes por este cáncer. De hecho, en los Estados Unidos, un hombre es diagnosticado con cáncer de próstata cada dos minutos.

La edad avanzada y los antecedentes familiares son factores de riesgo bien establecidos para el cáncer de próstata, pero a partir del descubrimiento del virus XMRV, empezó a ser planteada la posibilidad de que la infección viral fuera una de las causas principales, porque el microorganismo presentaba algunos atributos atractivos para ser el enemigo público número uno.

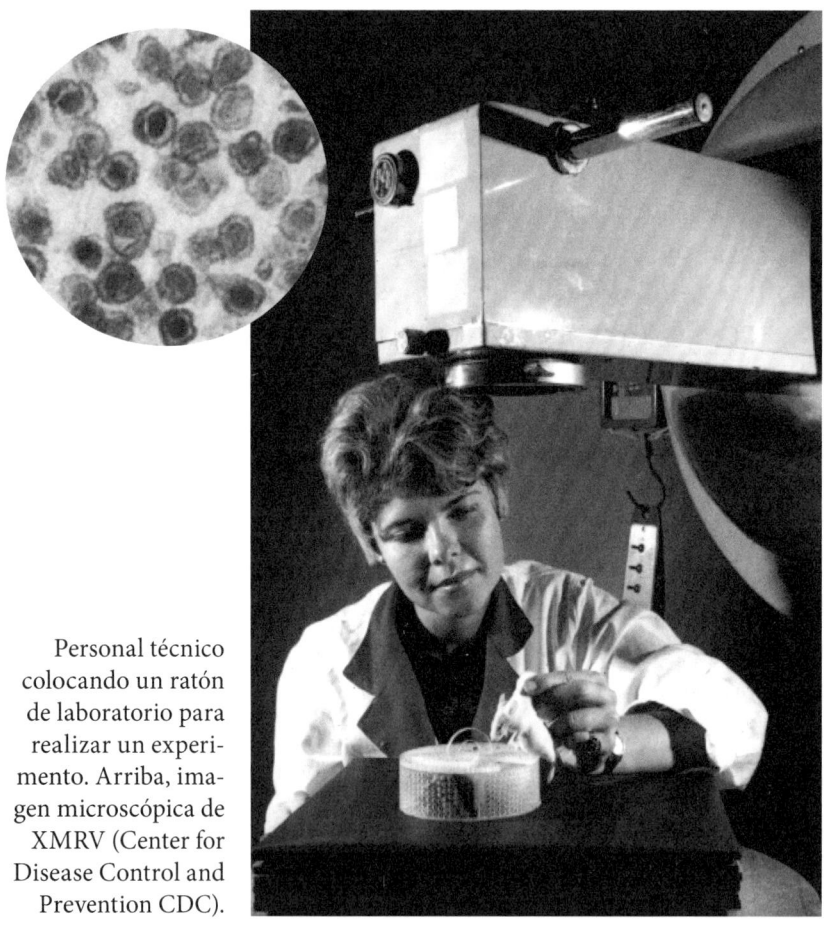

Personal técnico colocando un ratón de laboratorio para realizar un experimento. Arriba, imagen microscópica de XMRV (Center for Disease Control and Prevention CDC).

Entre ellos estaba que podía infectar células de mamíferos distintos de los ratones, incluidas las de los humanos, y que formaba parte de la familia de los llamados «retrovirus simples», que son conocidos por tener capacidad de causar cáncer en ratones. Además, las secuencias promotoras en el extremo izquierdo del genoma viral, que son importantes para dirigir la producción de nuevos genomas de ARN viral en las células infectadas, contenían elementos que podían ser activados específicamente por las hormonas masculinas. En conclusión, perfectos para la replicación viral en la próstata.

Poco después, en el año 2009, Judy Mikovits, del Instituto Whittemore Peterson de Nevada, publicó, en la revista *Science*, un artículo infame en el que afirmó haber encontrado una sorprendente evidencia de que existía relación entre el XMRV y el síndrome de fatiga crónica. El hecho de que el cáncer de próstata y el síndrome de fatiga crónica fueran potencialmente causados por un nuevo retrovirus humano abría vías completamente nuevas para estudiar y tratar ambas afecciones. En suma, empezó a ser planteada la preocupación, recordando los antecedentes del VIH/SIDA y la hepatitis C, de que XMRV hubiera contaminado los bancos de sangre.

Sin embargo, los datos obtenidos con el XMRV partían de un error primigenio, y algunas de las conclusiones obtenidas formaban parte de un fraude científico con la envergadura del monte Everest. Las incoherencias en los diferentes estudios y la importancia que tenía el tema en cuestión hicieron que numerosos grupos de investigadores, de diferentes países, intentaran validar los resultados obtenidos con el XMRV. A medida que avanzaba la investigación de XMRV, surgieron resultados contradictorios sobre la importancia de este virus en la fisiopatología del cáncer de próstata y/o el síndrome de fatiga crónica. Durante los dos años siguientes a la publicación, las afirmaciones del artículo de Mikovits fueron desmoronadas con contundencia, y las pesquisas demostraron que la investigadora había enriquecido deliberadamente las muestras con XMRV y falseado los resultados. No existía relación entre XMRV y el síndrome de fatiga crónica. Todo había sido una estafa. El artículo de *Science* fue

Beatrice Mintz, pionera en técnicas de ingeniería genética. Sus estudios con ratones supusieron grandes contribuciones a la investigación del cáncer.

retractado; Mikovits, despedida, y el Instituto Whittemore presentó, en noviembre de 2011, una demanda contra ella por, presuntamente, haber sustraído cuadernos de laboratorio e información relevante. Fue arrestada en California por cargos graves, que finalmente retiraron en junio de 2012. Desde entonces, injuriada por mala praxis, Mikovits acusa al establecimiento científico de complot global, y se ha convertido en una ferviente defensora del activismo antivacunas y de las teorías de la conspiración. En la primavera de 2020 protagonizó un video de 26 minutos, titulado *Plandemic: La agenda oculta detrás de la COVID-19*, que tuvo una fuerte repercusión mediática y en el que promueve teorías de la conspiración y difunde información errónea y fraudulenta acerca de la pandemia de COVID-19.

Cualquier retrovirus nuevo con asociación propuesta para una enfermedad crónica o un tipo de tumor es objeto de un escrutinio extremo por parte de la comunidad virológica, ya que muchas de estas asociaciones pueden ser erróneas. Este escepticismo está justificado, ya que en algunos casos ha sido demostrado que «nuevos retrovirus humanos» eran poco más que artefactos de laboratorio. Con el creciente número de artículos negativos acerca del XMRV, desde que fue descubierto, las sospechas de que en realidad podía ser una contaminación aumentaban cada día. Un grupo de virólogos trató de rastrear el origen del virus, postulando que mejorar la comprensión del retrovirus podría ayudar a explicar la discrepancia de los resultados obtenidos en los diferentes estudios y, de este modo, esclarecer, por fin, su papel en el cáncer de próstata.

Puestos manos a la obra, los investigadores volvieron a analizar las líneas celulares originales, CWR22Rv1 y CWR-R1, en las que fue descubierta por primera vez la asociación entre el XMRV y los pacientes con carcinoma de próstata. Encontraron secuencias del virus casi idénticas a las secuencias virales observadas en sujetos humanos. Este trabajo condujo a los científicos hasta CWR22, el xenoinjerto progenitor de tumor de próstata humano, aislado originalmente de un paciente con cáncer de próstata y combinado con un ratón de laboratorio.

CWR22 fue el primer xenoinjerto de cáncer de próstata humano con cepas recidivantes y fuertemente dependientes de andrógenos. El xenoinjerto CWR22 fue hecho en 1992 y transferido en serie a ratones. El xenoinjerto original no estaba disponible para su análisis en aquel momento, pero fue aislado y secuenciado el ADN genómico de los pases tercero y séptimo. La amplificación por PCR y la secuenciación de varios de los xenoinjertos revelaron secuencias incompletas del XMRV y la presencia de un nuevo provirus relacionado con el XMRV, que los investigadores etiquetaron como «pre-XMRV-1». Otro análisis reveló un segundo provirus novedoso, que también estaba relacionado con XMRV y que fue denominado «pre-XMRV-2».

La secuenciación completa de estos dos provirus mostró que las regiones casi homólogas en XMRV eran compartidas y no se superponían. Esto condujo a la hipótesis de que un evento de recombinación entre pre-XMRV-1 y pre-XMRV-2 resultó en la formación de XMRV.

Es decir, XMRV se generó como resultado de un evento de recombinación único, que tuvo lugar entre 1993 y 1996, entre dos retrovirus endógenos de la leucemia murina, en un ratón de laboratorio que llevaba el xenoinjerto CWR22. El virus se propagó a través de líneas celulares derivadas del tumor presente en este ratón y se dispersó a través de la contaminación de muestras de laboratorio. Cualquier aislado de XMRV, con las mismas o casi las mismas secuencias, y aunque fuera identificado en otros lugares, como ocurrió con el encontrado en 2006 en las biopsias de la cohorte de hombres estadounidenses con cáncer de próstata, tuvo su origen a partir de este evento; por tanto, estaba ausente del tejido original del cáncer de próstata y no podía ser el responsable de originar el tumor.

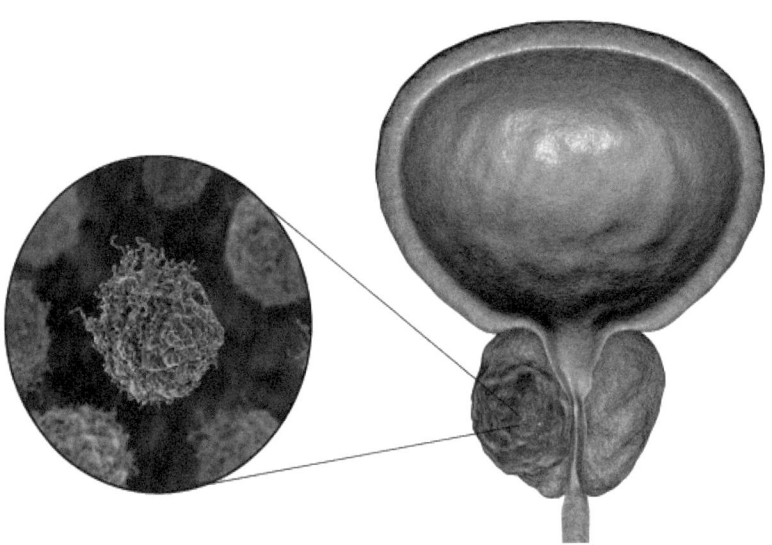

Ilustración 3D del cáncer de próstata que muestra el tumor dentro de la glándula prostática y una visión más cercana de las células cancerosas.

La asociación de XMRV con el cáncer de próstata o con el síndrome de fatiga crónica ha sido refutada y rechazada, pero, a pesar de que XMRV no es un virus humano, sí es un agente infeccioso que circula en líneas celulares humanas como 22Rv1, por lo que es prudente seguir evaluando el potencial riesgo biológico asociado con este microorganismo, o con otros virus xenotrópicos de la leucemia murina.

## 📖 PARA LEER MÁS:

ARIAS, Maribel (2014). «The saga of XMRV: a virus that infects human cells but is not a human virus». *Emerging Microbes and Infections* 3 (4): e.

JOHNSON, Andrew (2016). «Xenotropic Murine Leukemia Virus-Related Virus (XMRV) and the Safety of the Blood Supply». *Clinical Microbiology Reviews* 29 (4): 749-757.

NEIL, Stuart (2020). «Fake Science: XMRV, COVID-19, and the Toxic Legacy of Dr. Judy Mikovits». *AIDS Research and Human Retroviruses* 36 (7): 545-549.

SWITZER, William (2011). «No Association of Xenotropic Murine Leukemia Virus-Related Viruses with Prostate Cancer». *PLoS One* 6 (5): e19065.

WANG, Le (2022). «Prostate Cancer Incidence and Mortality: Global Status and Temporal Trends in 89 Countries From 2000 to 2019». *Frontiers in Public Health* 10: 811044.

WILLIAMS, Dhanya (2013). «No Evidence of Xenotropic Murine Leukemia Virus-Related Virus Transmission by Blood Transfusion from Infected Rhesus Macaques». *Journal of Virology* 87 (4): 2278-2286.

# ¿LAS PLANTAS TIENEN TUMORES?

*Money, money, money, money.* «El dinero hace girar al mundo», cantaba Liza Minnelli en la aplaudida película musical *Cabaret.* Hoy en día, el mercado global de divisas contiene 180 monedas oficiales circulantes. El euro es la segunda moneda en importancia. Es compartida por más de 340 millones de europeos, además de por 60 países y territorios, que representan a otros 175 millones de personas y que han vinculado sus propias monedas al euro, ya sea de forma directa o indirecta. En el año 2019, en la zona del euro, alrededor del 73 % de todos los pagos fueron realizados con efectivo; el 24 %, con tarjetas, y el 3 %, con otros instrumentos de pago. En agosto de 2021, había 27.400 millones de billetes de euro en circulación, con un valor de alrededor de 1,5 billones de euros.

El diseño de los billetes de euro está basado en los diferentes estilos arquitectónicos que han ido surgiendo a lo largo de la historia de Europa y que han marcado la cultura del continente. En el anverso de los billetes, las ventanas y puertas simbolizan el espíritu europeo de apertura y cooperación. En el reverso, los puentes simbolizan la comunicación entre los pueblos de Europa y entre Europa y el resto del mundo. Los estilos mostrados son el clásico en el de 5 euros, románico en el de 10, gótico en el de 20, renacentista en el de 50, barroco y rococó en el de 100, arquitectura de hierro y vidrio del siglo XIX en el de 200 y arquitectura moderna en el de 500. Desde el 27 de abril de 2019, el billete de 500 euros ya no es emitido.

El Banco Central Europeo monitorea con rigor el *stock* y la circulación de los billetes y monedas en euros, porque el Eurogrupo debe garantizar un suministro fluido y eficiente de billetes en euros y el mantenimiento de su integridad. El billete de 50 euros es el más utilizado en la zona del euro, con más de 14.000 millones de ejemplares en circulación.

Ya que estamos, por favor, haga memoria, ¿canjea billetes con frecuencia? Es evidente que el intercambio de billetes es incesante. Semejante ajetreo obliga a que los billetes estén fabricados con un material resistente. Por ello, la celulosa es desestimada en favor del algodón. En la fabricación de euros son aprovechadas las llamadas «borras de peinado», que son las fibras cortas de algodón desechadas por la industria textil. La razón para emplear fibras de algodón es que es un material liviano, imprimible y adecuado para funciones de seguridad. Además, las fibras de algodón son fuertes, pero suaves y flexibles. Esta combinación hace que el papel de algodón sea puro y duradero. Algunos países fabrican sus billetes con combinaciones de fibras de algodón y lino, o incluso, como en el caso de Filipinas, con fibras de plátano. En el año 2003, el rumor de que los billetes de euro contenían una elevada cantidad de fibras de algodón transgénico originó gran polémica, por la controversia que causa, en algunos ámbitos y países, el empleo de organismos modificados genéticamente.

Los dos rasgos principales explorados hasta ahora en el algodón transgénico comercial son la tolerancia a los herbicidas y la resistencia a las plagas de lepidópteros y otros insectos. En el año 2022, el 89 % de la superficie cultivada de algodón de EE. UU. fue sembrada con semillas modificadas genéticamente resistentes a los insectos. A partir de 1996, los cultivos modificados genéticamente, que producen proteínas insecticidas de la bacteria *Bacillus thuringiensis* (Bt), han brindado un control seguro y eficaz de varias plagas clave.

Desde la década de 1980, las toxinas Bt, provenientes de la bacteria *Bacillus thuringiensis*, han sido aplicadas con asiduidad como insecticida microbiano para controlar algunas plagas del algodón, como son el gusano cogollero del algodón (*Helicoverpa armigera*), el gusano cogollero rosado (*Pectinophora gossypiella*) y el gusano cogollero (*Spodoptera exigua*). Con el desarrollo de la biotecnología, fueron creados cultivos modificados genéticamente que producen proteínas Bt insecticidas en el tejido vegetal. Estos culti-

Arriba, microscopía electrónica de cristales de toxina Bt de *Bacillus thuringiensis serovar morrisoni* cepa To8025. Abajo, las hojas de cacahuete transgénico (izquierda), que expresan toxinas Bt, no sucumben al daño causado por las larvas de piral del maíz en las hojas de cacahuete normales (derecha).

vos transgénicos son eficaces para controlar las plagas de insectos voraces que atacan a diferentes tipos de plantas. Así, el algodón transgénico comercial, que exhibe un área de plantación anual de más de 33 millones de hectáreas, expresa proteínas Bt específicas, como son Cry1Ac, Cry2Ab y Vip3Aa. Modificar genéticamente un organismo, incluido el algodón, requiere de conocimiento avanzado, pericia y el empleo de técnicas modernas. Los métodos aplicados para obtener una planta transgénica varían en función de la especie vegetal, pero uno de los habituales suele acarrear el empleo de un microbio llamado *Agrobacterium tumefaciens*.

La bacteria *Agrobacterium tumefaciens* fue aislada por primera vez de agallas de una planta de vid en 1897. El microorganismo tiene capacidad para infectar vegetales, utilizando un mecanismo que implica el procesamiento y la transferencia de un fragmento de ADN específico, denominado T-DNA, que es albergado en un plásmido bacteriano, llamado Ti, que induce la aparición de tumores. La naturaleza de las enfermedades neoplásicas inducidas por varias especies de *Agrobacterium* está determinada por la actuación de genes de virulencia, que proporcionan la maquinaria necesaria para transferir e integrar permanentemente, de procariotas a eucariotas, ADN extraño que consta de genes que codifican enzimas del catabolismo de las opinas, y genes que inducen el crecimiento neoplásico de las células vegetales.

La transferencia del material genético a la planta es conseguida mediante un sistema de secreción de tipo iv, después de lo cual el T-DNA queda integrado en el genoma de la planta huésped. La capacidad de *Agrobacterium* para transferir ADN, así como la posibilidad de reemplazar los oncogenes del T-DNA por genes de interés, hizo posible desarrollar un método controlado de generación de plantas transgénicas.

Este traspaso de ADN entre especies conduce, de forma natural, a la sobreproducción de las hormonas vegetales auxina y citoquinina, lo que da como resultado la aparición de tumores y la formación de agallas en las plantas. La bacteria provoca la producción de tumores (agallas) cerca de la parte superior (coronilla) de las plantas dicotiledóneas, de ahí que la enfermedad que origina reciba el nombre de agalla de corona. Los síntomas principales de la agalla de la corona incluyen el crecimiento excesivo e hiperplasia en los tejidos jóvenes de las plantas. Casi 400 especies vegetales están catalogadas como hospederas de *Agrobacterium*, por lo que el patógeno está asociado a pérdidas económicas millonarias, ya que es capaz de devastar numerosos cultivos, incluidos árboles frutales (como manzano, cerezo, nogal, etc.), plantas ornamentales leñosas, arbustos (incluidas rosas), plantas herbáceas perennes, vides y árboles de sombra. Los cultivos enfermos pueden ser poco productivos y exhibir un marcado enanismo, como ocurre en el caso del almendro. En Canadá, en 1986, la acción de *Agrobacterium* ocasionó pérdidas de unos 112 millones de dólares en viveros de plantas frutales y ornamentales, lo que equivalió a alrededor del 10 % del material vegetal de vivero. En 1976, los daños causados por la agalla de la corona en árboles frutales y de nueces en California ascendieron a un total de 23 millones de dólares estadounidenses.

Recientemente, aquellas especies patógenas que se incluían en *Agrobacterium*, conocidas por los nombres de *Agrobacterium tumefaciens*, *Agrobacterium radiobacter*, *Agrobacterium vitis*, *Agrobacterium rhizogenes* y *Agrobacterium rubi*, han sido reubicadas en el género *Rhizobium*. De este modo, ahora *Rhizobium rhizogenes* causa la agalla del cuello y *Rhizobium radiobacter* origina la agalla de corona.

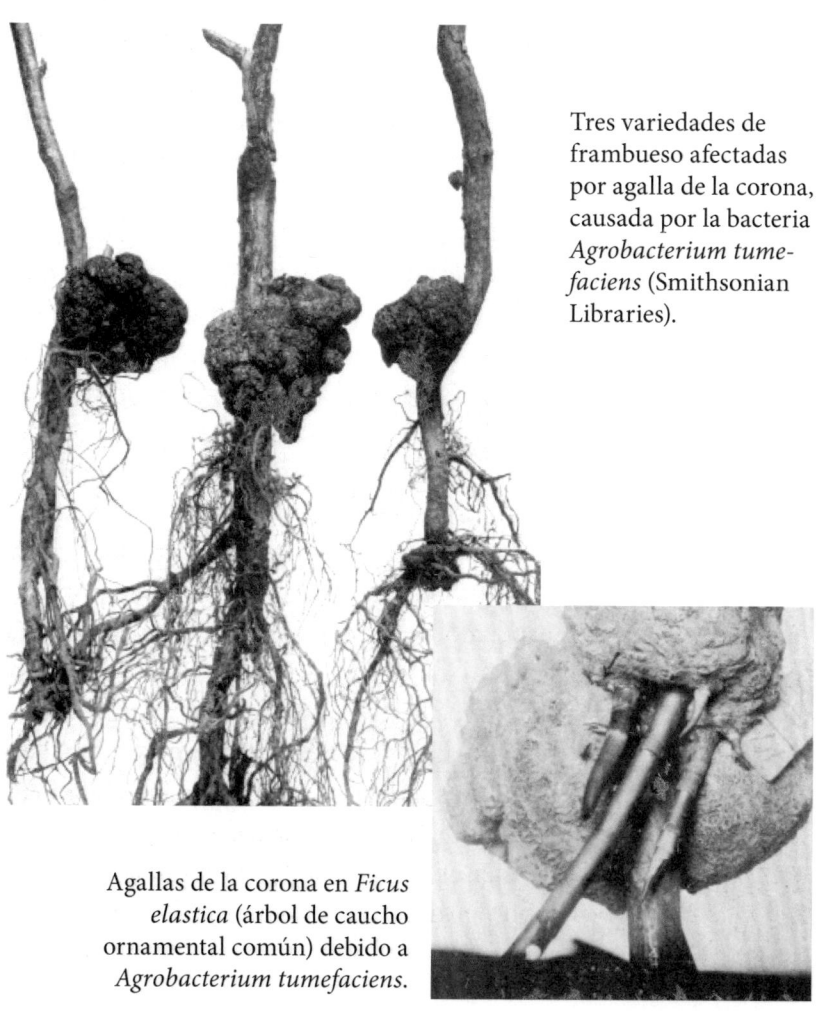

Tres variedades de frambueso afectadas por agalla de la corona, causada por la bacteria *Agrobacterium tumefaciens* (Smithsonian Libraries).

Agallas de la corona en *Ficus elastica* (árbol de caucho ornamental común) debido a *Agrobacterium tumefaciens*.

Al igual que los animales, las plantas también desarrollan tumores. Sin embargo, en las plantas la incidencia es relativamente baja y los tumores no son tan letales como en los animales, entre otras razones, porque las células vegetales están fijadas y no son móviles y, por lo tanto, no ocurre metástasis. La formación de tumores rara vez mata a la planta, pero puede reducir el vigor y puede frustrar prácticas agrícolas esenciales, como es el injerto. La mayor parte de los tumores de las plantas son causados por patógenos, como *Agrobacterium tumefaciens* o algunos otros microorganismos.

Por ejemplo, la bacteria *Rhodococcus fascians*, que secreta auxina y citoquinina, produce un crecimiento aberrante de brotes en una amplia gama de especies vegetales. Las anormalidades en el crecimiento y las alteraciones morfológicas causadas por *Rhodococcus fascians* ocasionan, en muchos países, severas pérdidas económicas en la industria de horticultura ornamental. En California, la fasciación provocada por *Rhodococcus fascians* afectó, durante muchos años, a la producción de margaritas Shasta comerciales. Desde el año 1984 hasta 2010, los cultivos de flor de los invernaderos de Pensilvania estuvieron gravemente afectados por *Rhodococcus fascians*, en especial los geranios y las verónicas. Varias enfermedades fúngicas también producen neoplasias y crecimientos similares a tumores. Los Ustilaginales, en particular, causan graves daños a varios cultides de cereales importantes, lo que provoca pérdidas económicas sustanciales. Así, *Ustilago maydis*, el llamado tizón del maíz, induce la formación de grandes tumores en las mazorcas de maíz. El hongo estimula el crecimiento celular y la proliferación tisular y, después, esporula dentro del tumor. En México, el *Ustilago maydis* es consumido como alimento humano, recibe el nombre de huitlacoche, y ha adquirido el estatus de *delicatessen* gastronómica.

Las infecciones virales también pueden causar, a través de mecanismos independientes de hormonas, neoplasia y crecimientos similares a los tumores, que son conocidos como «enaciones». Los geminivirus, un grupo de virus de plantas que causan enfermedades importantes, pueden interferir en la regulación del ciclo celular, perturbando gravemente el desarrollo normal y provo-

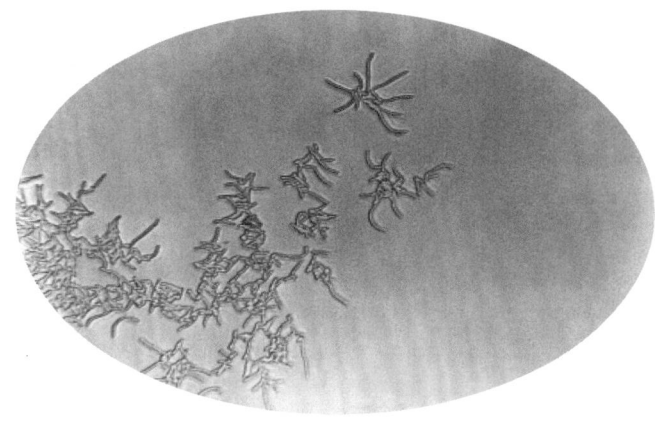

Imagen de microscopía óptica de bacterias del género *Rhodococcus*. (Centers for Disease Control and Prevention's Public Health Image Library, PHIL).

cando crecimientos similares a tumores. Entre ellos, el virus de la punta rizada de la remolacha (BCTV) es capaz de propagarse sistémicamente a través de la planta y producir neoplasia extensa.

Aunque los tumores vegetales también pueden aparecer de forma espontánea, en particular en plantas híbridas interespecíficas, en ausencia de patógenos, la mayoría de las plantas no son susceptibles a la neoplasia.

Las plantas son organismos portentosos y sorpresivos que pueden esconder respuestas aclaratorias de algunas de las incógnitas claves que rodean al cáncer. En este sentido, está claro que el control supracelular de la división celular no solo es fundamental para comprender el crecimiento de las plantas, sino que también puede explicar, en gran medida, por qué las plantas son menos vulnerables a los tumores que los animales.

## 📖 PARA LEER MÁS:

ALIU, Ephraim (2022). «CRISPR RNA-guided integrase enables high-efficiency targeted genome engineering in Agrobacterium tumefaciens». *Plant Biotechnology Journal* 20 (10): 1916-1927.

DHAOUADI, Sabrine (2020). «The plant pathogen *Rhodococcus fascians*. History, disease symptomatology, host range, pathogenesis and plant-pathogen interaction». *Annals of Applied Biology* 177: 4-15.

DODUEVA, Irina (2020). «Plant tumors: a hundred years of study». *Planta* 251 (4): 82.

MAFAKHERI, Hamzeh (2022). «Phenotypic and Molecular-Phylogenetic Analyses Reveal Distinct Features of Crown Gall-Associated *Xanthomonas* Strains». *Microbiology Spectrum* 10 (1): e00577-21.

PIERRAT, Xavier (2022). «Engineering *Agrobacterium tumefaciens* Adhesion to Target Cells». *ACS Synthetic Biology* 11 (8): 2662-2671.

ULLRICH, Cornelia (2019). «Comparison between tumors in plants and human beings: Mechanisms of tumor development and therapy with secondary plant metabolites». *Phytomedicine* 64: 153081.

VEREMEICHIK, Galina (2023). «In the interkingdom horizontal gene transfer, the small rolA gene is a big mystery». *Applied Microbiology and Biotechnology* 107: 2097-2109.

# LA ENFERMEDAD DE NEWCASTLE
# Y LOS VIRUS ONCOLÍTICOS

Newcastle fue la primera ciudad del mundo en construir un puente combinado de carretera y ferrocarril. Así, el High Level Bridge es el más antiguo de los diez puentes existentes que cruzan el Tyne, entre Newcastle y Gateshead, y es considerado la obra de ingeniería histórica más notable de la ciudad. Fue erigido por la familia Hawks, a partir de 5050 toneladas de hierro. El alcalde de Gateshead, George Hawks, colocó la última pieza de la estructura el 7 de junio de 1849. Ese mismo año, el puente fue inaugurado por la reina Victoria.

Además de puentes honorables, el municipio presume de otras peculiaridades sorprendentes. Por ejemplo, Mosley Street, una calle situada cerca de la iglesia catedral de Newcastle y del club nocturno Tup Tup Palace, fue la primera vía pública del mundo iluminada por la bombilla incandescente inventada por Joseph Swan. El Muro de Adriano, construido por una fuerza de 15.000 hombres, en menos de seis años, y designado Patrimonio de la Humanidad por la Unesco en 1987, recorre Newcastle desde Throckley hasta Walker. El RMS Carpathia, el barco que rescató a los sobrevivientes del RMS Titanic, fue construido en un astillero de River Tyne, en Newcastle. Incluso la localidad da nombre a una enfermedad infecciosa, la denominada «enfermedad de Newcastle».

El primer brote reconocido de la enfermedad de Newcastle ocurrió en la isla de Java, en Indonesia, en 1926, y poco después, en 1927, en el municipio inglés de Newcastle-upon-Tyne, de donde adquirió el apelativo. Desde entonces, la enfermedad es considerada endémica en muchos países.

Fotografía tomada alrededor de 1913, desde la estación Gateshead, de la parte superior del puente High Level Bridge.

La enfermedad de Newcastle es una infección viral muy contagiosa y de gran relevancia en el mundo de la avicultura. Las gallináceas son las aves más sensibles a la enfermedad. El responsable es un virus perteneciente al género *Orthoavulavirus* y a la familia Paramyxoviridae. Han sido descritos 21 serotipos de paramixovirus aviares que son designados como APMV-1 a APMV-21. El virus de la enfermedad de Newcastle es el APMV-1.

El virus tiene predilección por los sistemas respiratorio, digestivo o nervioso. Los patotipos virulentos cursan habitualmente con signos respiratorios agudos a los que se suman el abatimiento, diarrea acuosa verdosa, edema de la cabeza y signos neurológicos, como tortícolis, espasmos, temblores, parálisis y algunos otros, con niveles de mortalidad muy altos. Los signos aparecen en toda la parvada dentro de los 2 a 12 días después de la exposición al virus. La mortalidad es variable, pero puede llegar al 100 %.

Asimismo, el APMV-1 puede infectar a los humanos, causando síntomas similares a los de la gripe, o también un cuadro de conjuntivitis que aparece en un plazo de 24 horas tras la exposición ocular al virus. Las infecciones oculares suelen ser pasajeras, pero, en ocasiones, el daño es grave y provoca edema palpebral o hemorragia subconjuntival. En las personas también puede provocar signos de debilidad que suelen desaparecer pasados tres días.

La forma habitual de infección en las aves es por inhalación o ingestión del virus. La enfermedad de Newcastle es transmitida a los humanos por contacto directo con fluidos corporales de aves infectadas, especialmente sus heces, pero también por secreciones de la nariz, la boca y los ojos.

El virus puede estar presente en los huevos puestos durante la enfermedad clínica, y en todas las partes de la canal durante las infecciones agudas. Las aves infectadas suelen cesar parcialmente, o por completo, la producción de huevos. Los huevos pueden ser anormales en color, forma o superficie y tener albúmina acuosa. Además, el virus se puede propagar a través de objetos que han estado en contacto con aves infectadas o sus excreciones. El movimiento de aves infectadas y la transferencia de virus por el movimiento de personas y equipos contaminados son los principales métodos de propagación del virus entre parvadas de aves de corral.

Curiosamente, el virus de Newcastle es capaz de replicarse hasta 10.000 veces más rápido en las células cancerosas humanas que en la mayoría de las células humanas normales. Esto hace que sea considerado un virus que presenta cierta actividad oncolítica. Las potenciales propiedades estimulantes inmunológicas y antineoplásicas del virus de la enfermedad de Newcastle fueron informadas por primera vez en 1965. Hasta ahora, varios ensayos clínicos de fase II con el virus de Newcastle, en varios tipos de cáncer, incluidos el melanoma en estadio II y III, el cáncer colorrectal con metástasis en el hígado, el cáncer colorrectal resecable y el carcinoma metastásico de células renales, han demostrado una mejor supervivencia general.

Los virus oncolíticos son un grupo de agentes víricos que afectan y eliminan de forma selectiva a las células malignas, sin afectar a las células sanas circundantes. Este tipo de virus tienen efectos citotóxicos directos sobre las células cancerosas y aumentan las reacciones inmunitarias del huésped, dando como resultado la destrucción del tejido tumoral restante y estableciendo una inmunidad sostenida. De hecho, los virus oncolíticos actúan de cuatro maneras contra las células tumorales, que consisten en la oncólisis, la inmunidad antitumoral, la expresión transgénica y el colapso vascular.

En general, los virus oncolíticos pueden ser clasificados en dos grupos. El primero contiene agentes que se replican preferentemente en las células cancerosas y no son patógenos para las células normales, debido a la mayor sensibilidad, a la señalización antiviral del sistema inmunitario innato o a la dependencia de las vías de señalización oncogénicas. En este grupo estarían incluidos el protoparvovirus de rata H-1PV, el virus del mixoma oncolítico (MYXV), el virus de la enfermedad de Newcastle, los reovirus oncolíticos y el virus del valle de Séneca (SVV-001), un picornavirus oncolítico natural que fue descubierto por primera vez en el año 2002 en un cultivo celular contaminado. En los últimos años, también ha atraído interés el virus Maraba (MG1), un rabdovirus que es exquisitamente trópico para las células cancerosas, tanto humanas como murinas, con defectos inherentes de señalización del interferón tipo I. MG1 solo ha sido encontrado en insectos, y un estudio serológico de mamíferos endémicos de la región de Brasil, donde fue hallado el virus, no logró identificar un reservorio animal.

El segundo grupo incluye virus modificados genéticamente que pueden actuar de vectores vacunales, como ocurre con el virus de las paperas, los poliovirus y el virus *Vaccinia*, o bien virus que han sido modificados genéticamente mediante mutación/deleción de genes necesarios para la replicación en células normales, como, por ejemplo, los adenovirus, el virus del herpes simple o el virus de la estomatitis vesicular.

Algunos de estos virus, a toque de corneta y redoblando tambores, ya han llegado al mercado para luchar contra diversos tipos de cáncer, o bien forman parte de ilusionantes terapias experimentales avanzadas. Por ejemplo, a finales de 2015, Talimogén laherparepvec (T-Vec o Imlygic®) fue el primer virus oncolítico aprobado por la Administración de Alimentos y Medicamentos de Estados Unidos y la Agencia Europea de Medicamentos, para el tratamiento del melanoma metastásico maligno. Es un virus herpes simple tipo 1 (VHS-1) atenuado, producido en células Vero mediante tecnología de ADN recombinante, que ha sido generado por supresión funcional de dos genes (ICP34.5 e ICP47) y la inserción de la secuencia de codificación del factor estimulante de colonias de granulocitos y macrófagos humano (GM-CSF), y cuyo objetivo es fortalecer la respuesta inmunitaria. Imlygic® está indicado para el tratamiento de adultos con melanoma irresecable metastásico (estadio IIIB, IIIC y IVM1a) con afectación regional o a distancia y sin metástasis óseas, cerebrales, pulmonares u otras metástasis viscerales. En la actualidad, otras terapias con virus oncolíticos, como el Oncorine® (rAd5-H101), Rigvir® y Delytact®, están aprobadas para algunos tratamientos clínicos contra el cáncer.

Síntomas de depresión en un pollo enfermo por enfermedad de Newcastle.

El comportamiento extraño de los pollos, acompañado de afecciones musculares, como la tortícolis, es otro síntoma del virus.

Oncorine® (rAd5-H101) es un adenovirus humano recombinante tipo 5, utilizado en combinación con quimioterapia, como tratamiento para pacientes con cáncer de nasofaringe refractario en etapa tardía. En este adenovirus oncolítico ha sido eliminado el gen que codifica la proteína E1B, responsable de la unión e inactivación de p53. El H101 también contiene una deleción en la región E3, que está relacionada con la inhibición de la inmunidad del huésped, lo que potencia la replicación y propagación del virus en el tumor. En 1998, Oncorine, producido por Shanghai Sunway Biotech, inició el estudio preclínico en China. En un ensayo clínico de fase II, rAd5-H101 provocó la regresión tumoral de cánceres avanzados, ejerciendo un efecto antitumoral al promover el sistema inmunitario del huésped. Los adenovirus son los virus oncolíticos más utilizados en terapia génica por su capacidad lítica e inmunoestimuladora de células tumorales. En el año 2003, Gendicine (Ad5RSV-P53), un vector adenoviral no replicativo que restaura la expresión de p53 en células tumorales mutadas en p53, fue el primer producto génico aprobado para el carcinoma de células escamosas de cabeza y cuello.

Rigvir® es un enterovirus oncolítico adaptado que deriva de un echovirus 7, cuyo potencial oncolítico fue descubierto, entre las décadas de 1960 y 1970, por la científica e inmunóloga letona Aina Muceniece. El virus inicial fue obtenido del tracto intestinal de un niño sano. Rigvir® fue aprobado por la Agencia Estatal de Medicamentos de la República de Letonia en el año 2004 y tiene propiedades oncolíticas y oncotrópicas, infecta selectivamente las células tumorales, y ha sido empleado para el tratamiento de melanoma, tratamiento local de metástasis cutáneas y subcutáneas de melanoma, para la prevención de recaídas y metástasis después de cirugía radical. También ha sido aprobado en otros países, como Georgia y Armenia.

Teserpaturev/G47Δ (Delytact®) es un virus herpes simple tipo 1 (HSV-1) oncolítico de tercera generación, que ha sido modificado genéticamente y porta mutaciones triples que facilitan una replicación aumentada y selectiva en las células cancerosas. Delytact® fue aprobado en Japón, en el año 2021, para el tratamiento de pacientes con glioma maligno. En junio de 2023, Delytact® estaba en desarrollo clínico para el tratamiento del cáncer de próstata (fase II), mesotelioma pleural maligno (fase I) y neuroblastoma olfatorio recurrente (fase I).

Más de tres décadas de extensas investigaciones y ensayos clínicos han establecido que la viroterapia oncolítica es una modalidad prometedora para el tratamiento del cáncer. De momento, uno de los principales desafíos es la entrega dirigida del virus al tumor. En la mayoría de los casos, la administración sistémica no funciona bien, debido a la inmunidad preexistente. Por lo tanto, es necesario mejorar este aspecto para conseguir una administración sistémica eficaz, ya que la administración intratumoral es costosa y difícil, especialmente en casos de gliomas malignos. Otro desafío es la optimización de las terapias combinadas, que utilizan virus oncolíticos junto con los fármacos quimioterapéuticos o inmunoterapéuticos, para obtener resultados mejores y estables. Desde luego, una mayor comprensión de los desafíos y limitaciones en la terapia del cáncer y el estudio continuo de los avances relacionados con los virus oncolíticos deberían sentar unas bases sólidas para conseguir el éxito clínico futuro.

## 📖 PARA LEER MÁS:

ATASHEVA, Svetlana (2021). «Oncolytic Viruses for Systemic Administration: Engineering a Whole Different Animal». *Molecular Therapy* 29 (3): 904-907.

BAHOUSSI, Amina (2023). «Multiple potential recombination events among Newcastle disease virus genomes in China between 1946 and 2020». *Frontiers in Veterinary Sciences* 10: 1136855.

BRETSCHER, Clemens (2019). «H-1 Parvovirus as a Cancer-Killing Agent: Past, Present, and Future». *Viruses* 11(6): 562.

FRAMPTON, James (2022). «Teserpaturev/G47Δ: First Approval». *BioDrugs* 36: 667-672.

KOOTI, Wesam (2021). «Oncolytic Viruses and Cancer, Do You Know the Main Mechanism?». *Frontiers in Oncology* 11: 761015.

MARUYAMA, Yoshiaki (2023). «Regulatory Issues: PMDA – Review of Sakigake Designation Products: Oncolytic Virus Therapy with Delytact Injection (Teserpaturev) for Malignant Glioma». *The Oncologist* oyad041.

THOIDINGJAM, Shivani (2023). «Oncolytic virus-based suicide gene therapy for cancer treatment: a perspective of the clinical trials conducted at Henry Ford Health». *Translational Medicine Communications* 8: 11.

ZHANG, Di (2023). Pathologic Mechanisms of the Newcastle Disease Virus. Viruses 15 (4): 864.

# LAS TOXINAS DE COLEY

En 1891, el oncólogo norteamericano William Bradley Coley inyectó a un paciente con cáncer una dosis de la bacteria *Streptococcus pyogenes* directamente en el tumor. ¡Válgame, Señor! ¿En qué estaría pensando? Pues mire usted por dónde, persignado o no, la intervención fue repetida durante meses, con —y aquí es donde sale el conejo de la chistera— una aparente disminución del tumor. De loco tenía poco el bueno de Coley, que, animado por el supuesto triunfo, dos años más tarde, desarrolló una fórmula que combinaba bacterias muertas de *Streptococcus pyogenes* y *Serratia marcences*. Coley utilizó el potingue para tratar a pacientes con sarcoma. En 1916 había documentado más de 80 pacientes tratados, y al final de su carrera el número de tratamientos superaba los mil casos.

El procedimiento recibió diversos nombres que variaban entre el fluido de Coley, la vacuna de Coley o, el más popular, las toxinas de Coley. En realidad, los resultados fueron muy variables y apenas alcanzaban una tasa de éxito del 10 %. Además, muchos pacientes desarrollaban efectos secundarios considerables. Las críticas médicas recibidas, junto con el desarrollo de la radioterapia y la quimioterapia, convidaron a que las toxinas de Coley desaparecieran gradualmente del uso médico. Sin embargo, la inmunología moderna ha apuntado a que los principios de Coley eran correctos, por lo que es considerado un pionero en esta área.

Al parecer, la inspiración para desarrollar el supuesto disparate comenzó con una mujer joven, paciente de Coley, que había desarrollado osteosarcoma en la mano. A pesar de la intervención quirúrgica, que obligó a amputar el antebrazo de la muchacha, a los pocos meses de la operación, la chica sucumbió a la enfermedad metastásica. Este episodio tuvo un profundo impacto en Coley, que, disgustado y motivado, decidió aprender más sobre la enfermedad. Comenzó revisando los registros médicos hospitalarios de noventa pacientes con sarcoma, un análisis que publicó más tarde. Mientras realizaba la revisión, un caso, que brillaba más que el faro de Finisterre a las dos de la madrugada, atrajo la atención de Coley.

El médico encontró la descripción de un paciente que presentaba un sarcoma inoperable, pero cuyo tumor retrocedió por completo después de desarrollar erisipela, un tipo de infección de la piel causada por estreptococos. Al leer este relato, intrigado, Coley caviló y meditó, si acaso era posible, como medio para tratar el cáncer, inducir la erisipela en los pacientes. Por fortuna, solo unos años antes, en 1883, el cirujano alemán Friedrich Fehleisen había identificado que *Streptococcus pyogenes* era la bacteria responsable de producir la erisipela. Por lo tanto, Coley

William Bradley Coley (1862-1936) durante la fiesta de Navidad de 1892. A su izquierda aparece el cirujano C. A. Forgey, y a su derecha, un residente del Cancer Research Institute. Desde 1975, el Cancer Research Institute de la Ciudad de Nueva York entrega el William B. Coley Award for Distinguished Research in Basic and Tumor Immunology, un galardón destinado a destacados investigadores que han realizado importantes aportaciones en las áreas de investigación de inmunología básica y tumoral.

no tuvo remilgos ni obstáculos para probar su descabellada hipótesis y comenzó a inyectar a los pacientes con sarcoma diversas dosis de *Streptococcus pyogenes*, que no eran otra cosa que una versión primitiva de las que más tarde serían bautizadas como las «toxinas de Coley».

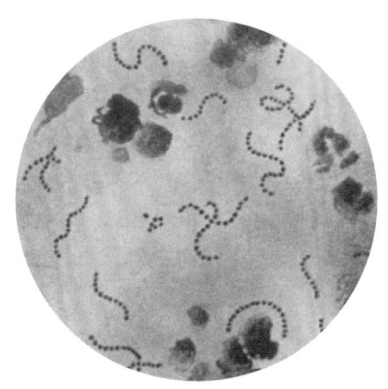

A lo largo de la carrera de Coley, de 1888 a 1933, para lograr un equilibrio entre seguridad y eficacia, el oncólogo probó más

Observación microscópica de *Streptococcus pyogenes*.

de una docena de preparaciones diferentes de la toxina. De hecho, los primeros intentos fueron muy variables. Algunas preparaciones fueron impotentes y no produjeron ningún signo de infección, mientras que otras, bendecidas por el diablo, provocaban la muerte en menos que canta un gallo.

En 1813, varias décadas antes de los experimentos de Coley, el médico francés Arsène-Hippolyte Vautier informó que los pacientes con cáncer que desarrollaron gangrena gaseosa, causada por la bacteria *Clostridium perfringens*, mostraron regresión del tumor. Después, los médicos alemanes Busch y Fehleisen observaron, de forma independiente, la regresión de los tumores en pacientes con cáncer que padecían infección por erisipela. En 1868, William Busch infectó a un paciente de cáncer con erisipela y notó que el tumor disminuía. Por tanto, aunque Coley no fuera la primera persona en establecer una conexión entre la infección y la regresión del cáncer, ni pionero en inyectar bacterias a un paciente como táctica para mediar en el rechazo del tumor, sus esfuerzos fueron los más completos e influyentes.

El tratamiento anticancerígeno basado en bacterias resurgió en 1990, cuando la Administración de Alimentos y Medicamentos de los Estados Unidos (FDA) aprobó la vacuna BCG o bacilo de Calmette-Guérin, una forma viva atenuada de *Mycobacterium bovis* empleada contra la tuberculosis, para tratar el cáncer de vejiga no invasivo. En la actualidad, la vacuna BCG es un agente bacteriano aprobado para uso clínico de rutina contra el cáncer. La vacuna BCG y el polisacárido β-glucano, derivado de hongos, pueden promover una respuesta mejorada sostenida de las células mieloides y de las células *natural killer* (NK) a los desafíos infecciosos, inflamatorios y a los tumores secundarios.

Este proceso de memoria no específica de las células inmunitarias innatas facilita la respuesta intensificada de estas células, así como la de su descendencia, a los retos futuros, y ha sido denominado «inmunidad innata entrenada» o «memoria inmunitaria innata». La inmunidad entrenada está mediada a través de la reprogramación transcriptómica, epigenética y metabólica de las células NK, y se supone que la inmunidad entrenada por inducción desempeña funciones importantes en la inmunoterapia con la vacuna BCG para el cáncer de vejiga no invasivo.

Los científicos han descubierto que ciertas especies de bacterias anaerobias —por ejemplo, algunas del género *Clostridium*— son viables en tejidos cancerosos hipóxicos, mientras que mueren en las áreas bien oxigenadas del tumor, lo que implica que son inofensivas para el resto de los tejidos normales del cuerpo. Estos hallazgos han proporcionado resultados que apoyan el uso de bacterias anaerobias como agentes oncolíticos.

Resulta evidente que el cáncer es una enfermedad desafiante que requiere un enfoque múltiple para un tratamiento efectivo. Hoy en día, las bacterias pueden ser utilizadas en terapias contra el cáncer aprovechando diferentes estrategias, que incluyen la toxicidad bacteriana nativa, combinación con otras terapias, bacterias que pueden controlar la expresión de agentes anticancerígenos, expresión de antígenos específicos de tumores, transferencia de genes, ARN de interferencia y escisión de profármacos. El uso de bacterias vivas enteras, atenuadas y/o modificadas genéticamente solas o en combinación con agentes convencionales se ha probado en varios modelos experimentales de cáncer.

De momento, las bacterias que han sido utilizadas con mayor frecuencia en este campo pertenecen a los géneros *Salmonella*, *Clostridium*, *Bifidobacterium*, *Lactobacillus*, *Escherichia*, *Listeria*, *Pseudomonas*, *Caulobacter*, *Proteus* y *Streptococcus*. El uso de tres géneros bacterianos (*Clostridium*, *Bifidobacterium* y *Salmonella*) como vectores para administrar o expresar genes supresores de tumores, genes antiangiogénicos, genes suicidas o antígenos asociados a tumores ha sido probado en modelos animales con diversos tumores.

Recientemente, otra maniobra, asentada en el uso de micro-rrobots basados en bacterias, que son denominados «bacterio-bots», ha sido postulada como una alternativa viable para el tratamiento del cáncer. Este concepto es un método innovador y novedoso que permite desencadenar acciones antitumorales. De hecho, algunos microorganismos con alta motilidad, como *Escherichia coli*, *Salmonella enterica* subespecie *enterica* serovar *Typhimurium*, *Serratia marcescens* y cepas de bacterias magne-totácticas, como *Magnetospirillum gryphiswaldense* cepa MSR-1, *Magnetospirillum magnetotacticum* cepa MS-1, *Magnetospirillum magneticum* cepa AMB-1 y *Magnetococcus* cepa MC-1, son ejemplos de bacteriobots.

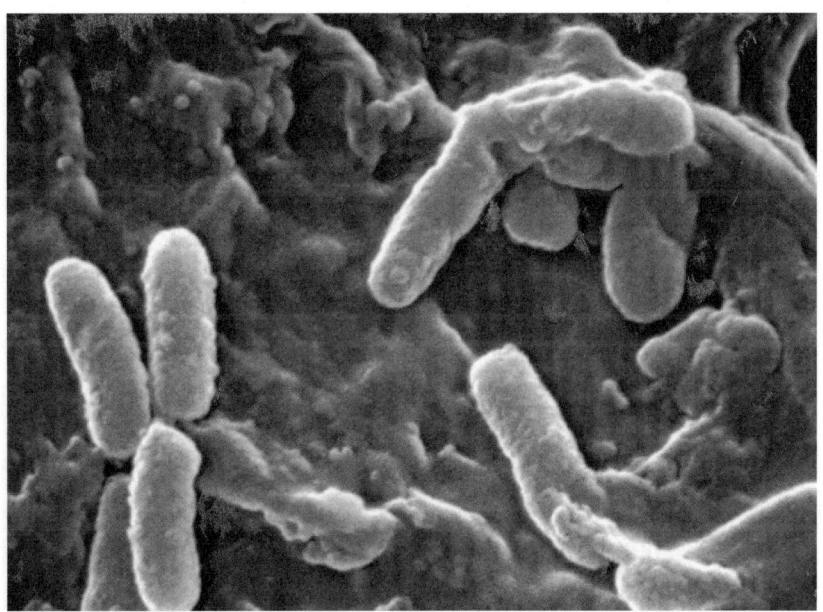

Imagen de *Pseudomonas aeruginosa* capturada con microsco-pía electrónica de barrido. (Public Health Image Library, PHIL).

Por otra parte, varias bacterias patógenas expresan y liberan toxinas proteicas particulares, que sirven para suprimir la respuesta inmunitaria del huésped infectado. Las toxinas bacterianas con actividad antitumoral han sido clasificadas en dos categorías: toxinas conjugadas con antígenos de superficie tumoral o toxinas conjugadas con ligandos. Las células cancerosas a menudo exhiben una gran cantidad de antígenos específicos de tumores en la superficie celular, a veces como receptores, y ciertas toxinas, como la toxina diftérica, tienen capacidad para unirse a estos receptores de la superficie celular y después activarse.

Algunas de estas toxinas han sido probadas para la terapia contra el cáncer en forma de inmunotoxinas. Las inmunotoxinas consisten en un anticuerpo fusionado con una toxina de plantas o bacterias; por ejemplo, la toxina diftérica de *Corynebacterium diphtheriae*, la enterotoxina de *Clostridium perfringens* o la exotoxina A de *Pseudomonas aeruginosa*. Tanto la toxina diftérica como la exotoxina A tienen mecanismos similares bien caracterizados que consisten en modificar el factor de elongación EF-2 de mamíferos para inhibir la traducción de proteínas, lo que lleva a la muerte celular. La porción de anticuerpo de las inmunotoxinas está dirigida a un receptor altamente expresado por las células cancerosas. Este receptor específico varía según la inmunotoxina y el tipo de cáncer. Cuando el anticuerpo se une al receptor, la toxina puede entrar y matar a la célula cancerosa.

La primera inmunotoxina, denominada Denileukin diftitox (Ontak®), fue aprobada en 1999 por la Administración de Drogas y Alimentos de los Estados Unidos (FDA) para el tratamiento del linfoma cutáneo de células T, una forma rara de linfoma no Hodgkin. La Denileukin diftitox es una proteína de fusión, obtenida por combinación de aminoácidos de la toxina diftérica y la interleucina- 2 (IL-2), que presenta actividad citotóxica selectiva frente a células diana malignas que expresen receptores IL-2 en su superficie, induciendo una rápida muerte celular por inhibición de la síntesis proteica intracelular.

Otro ejemplo es Moxetumomab pasudotox (Lumoxiti®), que está basado en la actividad citotóxica de la exotoxina A de *Pseudomonas aeruginosa*. Consiste en un anticuerpo dirigido a

CD22, una proteína altamente expresada en las células B malignas, junto con un péptido derivado de la exotoxina A. Lumoxiti® es un medicamento indicado para el tratamiento de adultos con tricoleucemia, un cáncer de los glóbulos blancos en el que son producidos demasiados linfocitos B. En el año 2018, la FDA aprobó Lumoxiti® para el tratamiento de algunos pacientes con leucemia de células pilosas (HCL).

La neurotoxina botulínica es otra toxina bacteriana con cierto potencial anticancerígeno emergente. Estudios recientes han demostrado que la neurotoxina botulínica permite una destrucción más eficaz de las células cancerosas mediante radioterapia y quimioterapia.

Aparte de toxinas, algunas bacterias son capaces de producir sustancias con propiedades anticancerígenas. Por ejemplo, existen mixobacterias que producen epotilonas, unos compuestos naturales pertenecientes a la clase de agentes antimitóticos estabilizadores de microtúbulos (MSAA), consistentes en una serie de moléculas antineoplásicas con un mecanismo de acción común que implica la unión a la tubulina. El primer ejemplo de MSAA fue el paclitaxel (Taxol®), un agente antitumoral obtenido de la corteza del tejo del Pacífico, que ha sido muy utilizado en el tratamiento de cáncer de pulmón, ovario, mama y formas avanzadas del sarcoma de Kaposi.

Las epotilonas fueron identificadas en 1996 como metabolitos producidos por *Sorangium cellulosum*, una mixobacteria aislada a partir de muestras de suelo recolectadas cerca de las orillas del río Zambesi, en el sur de África. Ensayos iniciales realizados en un programa de detección contra el cáncer del Instituto Nacional del Cáncer de Estados Unidos mostraron que estas moléculas tenían actividad antifúngica estrecha y actividad citotóxica *in vitro* en líneas de células tumorales de mama y colon. A partir de la epotilona B, que presenta escasa estabilidad metabólica y farmacocinética, fue desarrollado un análogo semisintético que recibió el nombre de ixabepilona. El 16 de octubre de 2007, la Administración de Drogas y Alimentos de EE. UU. (FDA) aprobó la ixabepilona (Ixempra®) para el tratamiento del cáncer de mama metastásico agresivo o localmente avanzado. El medicamento puede ser administrado solo o en combinación con capecitabina (Xeloda®).

También han sido identificados diversos tipos de péptidos bacterianos con propiedades anticancerígenas. Por citar algunos ejemplos, las arenamidas A y B, aisladas del caldo de fermentación del actinomiceto marino *Salinispora arenicola*, bloquean la activación inducida por el factor de necrosis tumoral (TNF) de las células renales embrionarias humanas NFkappaB-Luc, y muestran actividad citotóxica en varias células cancerosas, así como en HCT-116, un carcinoma colorrectal humano.

Las halolituralinas A, B y C, que son unos péptidos cíclicos sintetizados por la bacteria marina *Halobacillus litoralis*, tienen actividad anticancerígena contra las células tumorales gástricas humanas. Las lucentamicinas A y B son péptidos aislados de la actinobacteria marina *Nocardiopsis lucentensis* CNR-712 que han

La corteza del tejo es pelada y procesada para proporcionar paclitaxel.

Estructura química del paclitaxel.

184

mostrado actividad citotóxica contra células de cáncer de colon humano HCT-116. La idoglobomida B, producida por la bacteria *Bacillus licheniformis*, muestra actividad citotóxica contra las células de cáncer gástrico humano.

Además de todas las opciones anteriores, las vesículas de la membrana bacteriana, que están envueltas en una bicapa lipídica y transportan toxinas, factores de virulencia, ácidos nucleicos y metabolitos, entre otras sustancias, son objeto de intensa investigación científica y representan un nuevo enfoque para el tratamiento eficaz del cáncer.

Desde luego, el papel dual de las bacterias en el cáncer es indiscutible. Diversas bacterias, vivas, atenuadas o modificadas genéticamente, han emergido como posibles estrategias para el tratamiento del cáncer, y la terapia con toxinas bacterianas ha mostrado ser prometedora, debido a la eficacia y especificidad hacia determinadas dianas celulares y vías de señalización concretas. Sin embargo, los ensayos clínicos han demostrado que las consecuencias secundarias de la terapia bacteriana no pueden ser ignoradas, por lo que todavía es preciso aumentar el esfuerzo en investigación, para obtener resultados sólidos que permitan mejorar la eficacia y minimizar los efectos adversos.

📖 PARA LEER MÁS:

DHILLON, Sohita (2018). «Moxetumomab Pasudotox: First Global Approval». *Drugs* 78 (16): 1763-1767.

FORLI, Stefano (2014). «Epothilones: from discovery to clinical trials». *Current Topics in Medicinal Chemistry* 14 (20): 2312-2321.

LOUGHLIN, Kevin (2020). «William B. Coley: His Hypothesis, His Toxin, and the Birth of Immunotherapy». *Urologic Clinics of North America* 47(4): 413-417.

PANDEY, Manisha (2022). «Recent Update on Bacteria as a Delivery Carrier in Cancer Therapy: From Evil to Allies». *Pharmaceutical Research* 39: 1115-1134.

SEDIGHI, Mansour (2019). «Therapeutic bacteria to combat cancer; current advances, challenges, and opportunities». *Cancer Medicine* 8: 3167-3181.

Sieow, Brendan (2021). «Tweak to Treat: Reprograming Bacteria for Cancer Treatment». *Trends in Cancer* 7 (5): 447-464.

Song, Shiyu (2018). «The role of bacteria in cancer therapy – enemies in the past, but allies at present». *Infectious Agents and Cancer* 13: 9.

Trivanovic, Dragan (2021). «Fighting Cancer with Bacteria and Their Toxins». *International Journal of Molecular Sciences* 22: 12980.

Weerakkody, Lihini (2019). «The role of bacterial toxins and spores in cancer therapy». *Life Sciences* 235: 11683.

# PARÁSITOS

En 1970, apareció un gusano de Guinea calcificado en el estómago de una momia egipcia. El gusano de Guinea (*Dracunculus medinensis*) es una especie de nematodo parásito responsable de causar la dracunculiasis, una afección invalidante también conocida como «enfermedad de la serpiente ardiente». Quizás, la referencia más antigua a los gusanos de Guinea sea la que aparece en el Antiguo Testamento, en el Libro de los Números 21:4-9, que aporta interesantes detalles sobre la ruta de los israelitas por el desierto y describe la siguiente situación:

> Después partieron del monte de Hor, camino del mar Rojo, para rodear la tierra de Edom; y se desanimó el pueblo por el camino. Y habló el pueblo contra Dios y contra Moisés: «¿Por qué nos subiste de Egipto para que muramos en este desierto? Pues no hay pan ni agua, y nuestra alma tiene fastidio de este pan tan ligero». Y Jehová envió entre el pueblo serpientes ardientes, que mordían al pueblo; y murió mucho pueblo de Israel. Entonces, el pueblo vino a Moisés y dijo: «Hemos pecado por haber hablado contra Jehová, y contra ti; ruega a Jehová que quite de nosotros estas serpientes». Y Moisés oró por el pueblo. Y Jehová dijo a Moisés: «Hazte una serpiente ardiente, y ponla sobre un asta; y cualquiera que fuere mordido y mirare a ella, vivirá». Y Moisés hizo una serpiente de bronce, y la puso sobre una asta; y cuando alguna serpiente mordía a alguno, miraba a la serpiente de bronce, y vivía.

Los humanos hemos adquirido un número asombroso de parásitos, unas 300 especies de gusanos helmintos y más de 70 especies de protozoos. ¡Qué mierda!, habrá pensado al leer el dato. Pues sí, y con razón, porque muchos de ellos, en algún momento de la infección, causan unas diarreas que recuerdan al monzón. Con los parásitos viene al caso una estrofa de la canción envenenada que Shakira dedicó a Gerard Piqué y que dice: «Esto es pa que te mortifique, mastique y trague, trague y mastique». Lo digo porque, en muchas ocasiones, los parásitos son adquiridos con la ingesta de agua y alimentos contaminados, y los bichos, casi siempre horrorosos, mortifican, día sí y noche también, a quien le toca la china.

En realidad, gran parte de los parásitos son raros y accidentales, pero, aun así, albergamos alrededor de 90 especies frecuentes, de las cuales una pequeña proporción causa algunas de las enfermedades más importantes del mundo, que, inevitablemente, son las que más atención han obtenido.

La dracunculiasis no es una de ellas. Ha recibido poco mimo y es considerada una enfermedad tropical desatendida. Los humanos pillamos al parásito al beber agua contaminada con pequeños crustáceos copépodos del género *Cyclops*, a veces llamados «pulgas de agua», infestados con las larvas de *Dracunculus medi-*

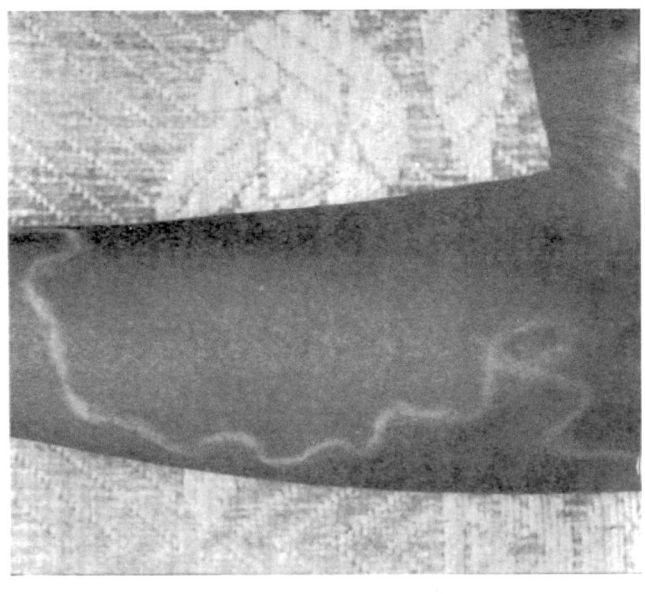

Gusano de Guinea bajo la piel en el brazo de un paciente.

*nensis*. Los humanos somos el huésped definitivo principal, y los *Cyclops* son el huésped intermedio. Al beber agua contaminada, las personas ingieren las pulgas acuáticas infectadas. Los copépodos mueren en el estómago, pero las larvas infectivas de *Dracunculus medinensis* son liberadas y atraviesan la pared intestinal para migrar por el cuerpo. El gusano hembra fecundado, que mide entre 60 y 100 cm, migra bajo los tejidos de la piel hasta llegar a un punto de salida, por lo general en las extremidades inferiores. Si el tamaño del gusanillo le parece desorbitado, mejor no piense en que el gusano ancho de los peces (*Diphyllobothrium latum*), una especie de platelminto parásito de la clase de los cestodos, que provoca en humanos la enfermedad llamada difilobotriasis, botriocefalosis o botriocefaliasis, en el intestino humano puede alcanzar una longitud superior a los 13 metros.

Desde que las larvas de *Dracunculus medinensis* son ingeridas hasta que el gusano intenta salir del organismo, transcurren entre 10 y 14 meses. Así, aproximadamente un año después de contraer la infección, aparece una ampolla muy dolorosa (el 90 % de las veces, en la parte inferior de la pierna), y uno o varios gusanos emergen por ella provocando una intensa sensación de quemazón. A menudo, las personas afectadas intentan aliviar el dolor urente sumergiendo la parte infectada del cuerpo en agua. En ese momento los gusanos liberan en el agua miles de larvas, que alcanzarán la fase infectiva después de ser ingeridas por crustáceos del género *Cyclops*. Una vez llegado este punto, el ciclo volverá a comenzar.

La enfermedad es endémica en las áreas rurales y más pobres del mundo, y ha sido común en países africanos como Chad, Sudán del Sur, Etiopía y Malí. Por suerte, la *Dracunculiasis* está en camino de ser erradicada de los humanos. En mayo de 1981, el Comité Directivo Interinstitucional, encargado de promover la acción cooperativa del Decenio Internacional del Agua Potable y del Saneamiento Ambiental (1981-1990), propuso la eliminación de la dracunculiasis como un indicador de éxito del Decenio. Ese mismo año, la Asamblea Mundial de la Salud, órgano decisorio de la OMS, aprobó una resolución (WHA34.25) en la que reconocía que el Decenio Internacional del Agua Potable y del Saneamiento Ambiental brindaba una oportunidad para eliminar la dracunculiasis. Esto llevó a la OMS y a los Centros para el Control y la Prevención de Enfermedades (CDC) de los Estados Unidos a formular la estrategia y las directrices técnicas para una campaña de erradicación.

Los cálculos apuntan a que, a mediados de la década de 1980, había en el mundo 3,5 millones de casos en 20 países, de los que 17 eran africanos, y los otros tres, asiáticos. En el año 2007, por primera vez, el número de casos notificados disminuyó hasta quedar por debajo de los 10.000, y en el año 2020 solo hubo 27 casos notificados a nivel global. Sin embargo, la vigilancia y el control férreo deben perseverar, porque existen nuevos desafíos que atentan contra la seguridad de las zonas endémicas. La mayor amenaza radica en que todavía existen países en los que sigue habiendo casos e infecciones en animales. La infección de perros por *Dracunculus medinensis* es un problema para la campaña mundial de erradicación, sobre todo en el Chad, Etiopía y Malí. Este fenómeno fue observado en el Chad en el año 2012, y desde entonces, en la misma zona de riesgo, continúa la detección de perros con gusanos emergentes genéticamente idénticos a los de los humanos. En el año 2020, el Chad notificó la infección en 1508 perros y en 63 gatos.

El gusano de Guinea es un tipo de helminto, que son organismos grandes multicelulares que pueden ser observados a simple vista cuando son adultos, pero que transitan fases vitales microscópicas. Los helmintos incluyen platelmintos (gusanos planos), acantocéfalos (gusanos de cabeza espinosa) y nemátodos (gusanos redondos) parásitos y de vida libre, que infectan a millones de personas en todo el mundo. Para ser conscientes del problema, basta mencionar que las estimaciones calculan que, en todo el mundo, más de 600 millones de personas están infestadas por el nemátodo *Strongyloides stercoralis*, y que las geohelmintiasis afectan a 1500 millones de personas, el 20 % de la población mundial.

La evidencia emergente indica que ciertos platelmintos parásitos, como el trematodo sanguíneo *Schistosoma haematobium* y los pequeños trematodos hepáticos *Opisthorchis viverrini* y *Clonorchis sinensis*, son agentes causantes de neoplasias malignas, como el cáncer de vejiga causado por esquistosomas y el colangiocarcinoma por trematodos hepáticos. Otras especies de

*Schistosoma*, como *Schistosoma japonicum* y *Schistosoma mansoni*, están asociadas al desarrollo de carcinoma hepatocelular colorrectal. En muchas regiones endémicas estos helmintos son responsables de la mayoría de los casos de cáncer. De hecho, los trematodos *Schistosoma haematobium*, *Opisthorchis viverrini* y *Clonorchis sinensis* son reconocidos como carcinógenos del grupo 1 por la Agencia Internacional para la Investigación sobre el Cáncer (IARC) y contribuyen en un 0,4 % al cáncer humano.

Puestos en situación, es conveniente saber que la esquistoso-miasis humana, que afecta a unos 240 millones de personas en todo el mundo, es una de las 21 enfermedades tropicales desaten-didas y amenaza, millón arriba millón abajo, a unos 700 millones de personas que corren riesgo de infección. La enfermedad es causada por gusanos parásitos del género *Schistosoma*, que cobija seis especies principales, a saber: *Schistosoma haematobium*, *Schistosoma mansoni*, *Schistosoma japonicum*, *Schistosoma mekongi*, *Schistosoma intercalatum* y *Schistosoma guineensis*.

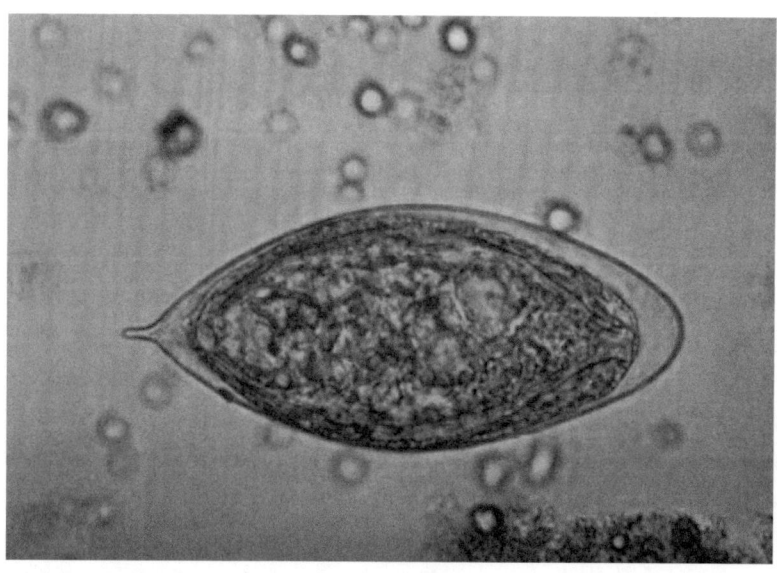

La micrografía muestra un huevo del parásito trematodo *Schistosoma haematobium*. (CDC, Public Health Image Library, PHIL).

Mientras que *Schistosoma haematobium* afecta al sistema urogenital, las cinco especies restantes afectan al tracto gastrointestinal. La esquistosomiasis es endémica en 78 países del África subsahariana, Oriente Medio y las islas de Madagascar y Mauricio.

La esquistosomiasis urinaria crónica, debida a *Schistosoma haematobium*, está asociada de manera habitual con el carcinoma de células escamosas (SCC), un tipo de cáncer que afecta a la vejiga urinaria. La asociación cáncer-parásito es producida como resultado de la presencia de parejas adultas, masculinas y femeninas, de *Schistosoma haematobium* que habitan en el plexo venoso de la vejiga urinaria. Mientras se aparean allí, la hembra libera huevos que viajan hacia la luz de la vejiga para ser expulsados con la orina. Sin embargo, no todos son desterrados al exterior, ya que algunos quedan atrapados en los tejidos de la vejiga urinaria. Los huevos retenidos en los tejidos de la pared de la vejiga actúan como irritantes mecánicos, que liberan antígenos y provocan una fuerte reacción inflamatoria crónica, acarreando que las células inmunitarias del huésped rodeen los huevos y contribuyan a la formación granulomatosa. Este proceso también está asociado con la reacción fibrótica que resulta en la muerte de los huevos de *Schistosoma*, así como en la conversión del epitelio de transición en epitelio escamoso (metaplasia escamosa). La fibrosis de la vejiga puede provocar una infección bacteriana que convierte los nitritos y los nitratos de la dieta en nitrosaminas, que son cancerígenas. Después, las nitrosaminas actúan sobre el epitelio escamoso metaplásico, con el posterior desarrollo de carcinoma de células escamosas (SCC). El carcinoma de células escamosas de la vejiga es una de las complicaciones más graves causadas por la infección crónica de *Schistosoma haematobium*.

En el caso de *Opisthorchis viverrini*, este parásito es un factor de riesgo significativo para el desarrollo de colangiocarcinoma, un tipo de cáncer que afecta a los conductos biliares. Aunque la incidencia del colangiocarcinoma es baja en los países occidentales, este cáncer prevalece en muchas partes del sudeste asiático donde *Opisthorchis viverrini* es endémico. Las estimaciones actuales indican que la opistorquiasis crónica afecta a 10 millones de personas en todo el mundo, y en Asia el colangiocarcinoma asociado a trematodos es detectado en unas 2500 personas al año.

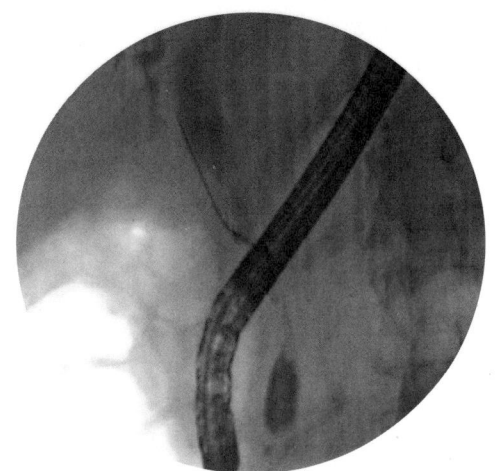

Imagen de una colangiopancreatografía retrógrada endoscópica (ERCP) de un colangiocarcinoma, que muestra estenosis del colédoco y dilatación del colédoco proximal.

*Opisthorchis viverrini* es un importantísimo problema de salud pública en la región de la cuenca del Mekong. En algunas zonas de Laos la prevalencia alcanza el 88 % y en Camboya llega a superar el 47 %. *Opisthorchis viverrini* tiene un ciclo de vida complejo, que involucra caracoles acuáticos del género *Bithynia* como primer huésped intermedio y peces ciprínidos como segundo huésped intermedio. Las personas son el huésped definitivo del parásito. Los seres humanos contraen el bichejo cuando consumen pescado crudo de agua dulce infectado con metacercarias, que es la etapa larvaria del parásito. Después, la duela juvenil eclosiona en la parte superior del intestino delgado y migra a los conductos biliares, donde se convierte en un adulto hermafrodita. *Opisthorchis viverrini* puede vivir durante años en los conductos biliares intrahepáticos y extrahepáticos y en la vesícula biliar. Esta infección crónica produce colangitis, fibrosis, colecistitis y, en muchos casos, colangiocarcinoma.

Más de 15 millones de personas están infectadas por *Clonorchis sinensis* en todo el mundo, principalmente en China, Corea y Vietnam. Los huevos de *Clonorchis sinensis* ingresan al ambiente acuático a través de las heces. Luego, estos huevos son consumidos por el primer huésped intermedio, que son varias especies de caracoles de agua dulce, como, por ejemplo, *Bithynia fuchsiana*, *Alocinma longicornis* y *Parafossarulus striatulus*, en los que los huevos liberan miracidios, que pasan por una serie de etapas de desarrollo, alcanzando los estados de esporoquiste, redia y, posteriormente, cercaria. Las cercarias escapan del caracol y nadan libremente en el agua hasta que penetran en un pez de agua dulce. Estas cercarias se enquistan en la carne de los peces y continúan madurando hasta convertirse en metacercarias. Cuando el pez infectado es ingerido por un mamífero superior, como los humanos, las metacercarias se enquistan como trematodos juveniles en el duodeno. El adulto hermafrodita de *Clonorchis sinensis* asciende a través de la ampolla de Vater hacia el sistema biliar y, a menudo, aparece alojado en los conductos biliares intrahepáticos. La maduración completa puede emplear hasta un mes. El ciclo de vida puede tardar hasta 3 meses antes de que los huevos aparezcan en el esputo o en las heces de una persona adulta infectada. Se estima que de 25 a 35 por cada 100.000 colangiocarcinomas son atribuibles a la clonorquiasis en áreas endémicas.

El cáncer de las vías biliares puede ocurrir con más frecuencia en pacientes con antecedentes de colangitis esclerosante primaria, colitis ulcerosa crónica, quistes de colédoco o infecciones con el trematodo hepático *Clonorchis sinensis*. Los eventos exactos que conducen al desarrollo de colangiocarcinoma mediado por *Clonorchis sinensis* son desconocidos, pero varios estudios apuntan a varios mecanismos diferentes. Uno de los mecanismos incluye la lesión mecánica vinculada con el daño a la mucosa del conducto biliar, relacionado con las actividades de alimentación del parásito. En segundo lugar, la acumulación local de gusanos produce estasis biliar que favorece el crecimiento bacteriano, la inflamación y, *a posteriori*, la colangitis recurrente. En tercer lugar, los efectos tóxicos de los productos excretores-secretores liberados por el parásito también provocan inflamación.

Aparte de *Schistosoma haematobium*, *Opisthorchis viverrini* y *Clonorchis sinensis*, un número creciente de otros parásitos, como, por ejemplo, especies de *Echinococcus*, *Strongyloides*, *Fasciola*, *Heterakis*, *Platynosomum* y *Trichuris*, ha sido asociado al aumento del riesgo de padecer cáncer. De hecho, la Agencia Internacional para la Investigación del Cáncer (IARC) ha declarado a *Plasmodium falciparum*, el parásito que causa la malaria,

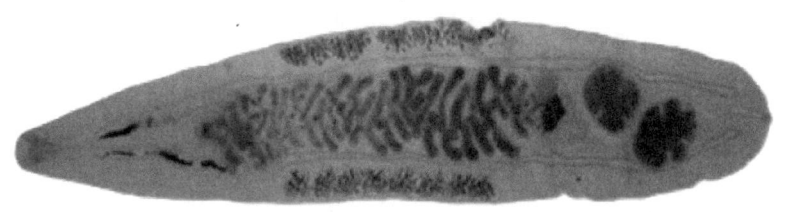

Imagen del trematodo *Opisthorchis felineus*. (Web Atlas of Medical Parasitology and the Korean Society for Parasitology).

como un probable agente cancerígeno en humanos y lo ha clasificado en el grupo 2A, aunque, además de la asociación bien establecida con el linfoma de Burkitt, la evidencia epidemiológica es limitada. La malaria en sí no está clasificada como enfermedad vinculada al cáncer, pero el linfoma de Burkitt, endémico en el África subsahariana, está asociado geográficamente con la holoendemia de paludismo causada por *Plasmodium falciparum*. Del mismo modo, la Agencia Internacional para la Investigación del Cáncer (IARC) ha declarado que *Schistosoma japonicum* es un posible carcinógeno del grupo 2B, porque es verosímil que exista una asociación entre la esquistosomiasis crónica provocada por este parásito y el cáncer colorrectal y de vejiga. En la misma línea, varios estudios epidemiológicos han demostrado una asociación entre el cáncer colorrectal y la infección por el protozoo parásito intracelular *Cryptosporidium parvum*. También ha sido propuesta la asociación de la infección por *Opisthorchis felineus*, un trematodo parásito descubierto en 1884 por el italiano Sebastiano Rivolta, en el hígado de un gato, con el desarrollo de colangiocarcinoma en humanos. Estudios epidemiológicos recientes investigan la asociación entre la coinfección del nemátodo *Strongyloides stercoralis* y el virus HTLV-1 con el desarrollo de cáncer.

Sorprendentemente, algunos parásitos presentan capacidades antitumorales de ilusionante interés. Varios estudios han informado que las infecciones de malaria suprimieron el crecimiento del carcinoma pulmonar de Lewis, descubierto por el doctor Margaret R. Lewis en 1951, a través de la inducción de respuestas antitumorales innatas y adaptativas en ratones, lo que sugiere que el parásito de la malaria puede proporcionar una nueva estrategia o vector de vacuna terapéutica para la inmunoterapia contra el cáncer de pulmón. La monoterapia con una cepa de *Toxoplasma gondii*, deficiente en uracilo, podría modificar el microambiente tumoral e inhibir el crecimiento tumoral, incluido el melanoma, el cáncer de páncreas, el cáncer de pulmón y el cáncer de ovario. Un estudio del año 2013 informó que el crecimiento tumoral y la metástasis pulmonar, en ratones infectados con *Trichinella spiralis*, quedaron reducidos en comparación con los controles. Al parecer, los parásitos activan el sistema inmunitario innato, lo que da como resultado la inhibición del tumor. El protozoo parásito *Neospora caninum*, agente causal de la neosporosis del ganado bovino, inhibe el melanoma B16F10, activando potentes respuestas inmunitarias y destruyendo directamente las células cancerosas.

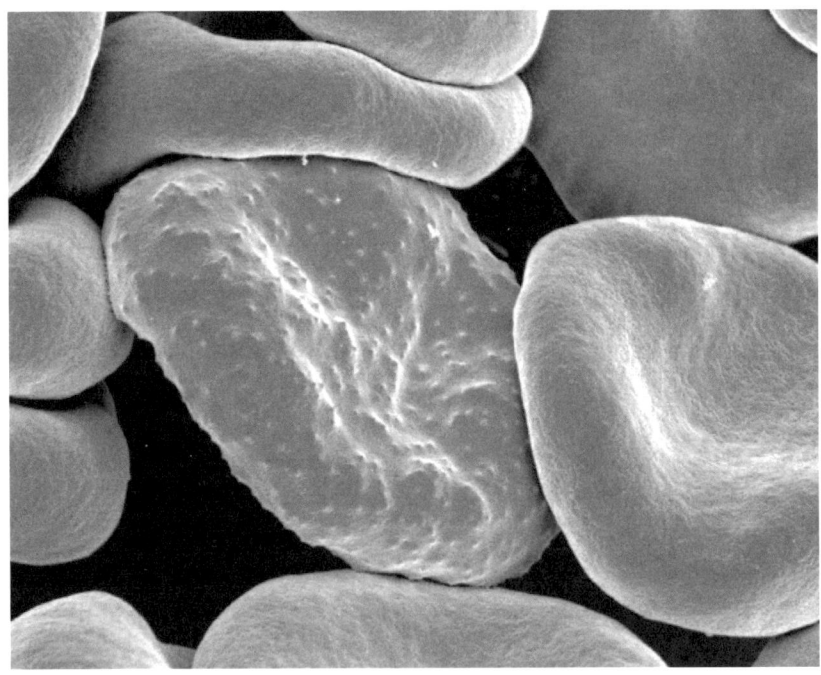

Micrografía electrónica de glóbulos rojos infectados con el parásito *Plasmodium falciparum*.

A pesar de algunas luces, la situación no es para tirar cohetes. Sin duda, en varias zonas del planeta el panorama es alarmante, incluso puede llegar a ser tenebroso, porque es probable que la incidencia de los parásitos esté subestimada, en gran medida debido a la naturaleza asintomática/subclínica de algunas de estas infecciones, a la amplia presencia entre las comunidades desatendidas de asistencia médica, así como a la larga latencia entre la infección o exposición inicial y la manifestación clínica del cáncer.

## 📖 PARA LEER MÁS:

BURKY, Matthew (2022). «Rectal carcinoma arising in a patient with intestinal and hepatic schistosomiasis due to Schistosoma mekongi». *IDCases* 27: e01383.

CECI, Ludovica (2022). «Molecular Mechanisms Linking Risk Factors to Cholangiocarcinoma Development». *Cancers* 14 (6): 1442.

GAETA, Raffaele (2017). «The painting of St. Roch in the picture gallery of Bari (15th century): An ancient representation of dracunculiasis?». *Journal of Infection* 74 (5): 519-521.

HE, Qing (2023). «*Clonorchis sinensis* granulin promotes malignant transformation of human intrahepatic biliary epithelial cells through interaction with M2 macrophages via regulation of STAT3 phosphorylation and the MEK/ERK pathway». *Parasites & Vectors* 16: 139.

SCHOLTE, Larissa (2018). «Helminths and Cancers From the evolutionary Perspective». *Frontiers in Medicine* 5: 90.

SOTA, Pornphutthachat (2022). «Effectiveness of public health interventions in reducing the prevalence of Opisthorchis viverrini: a protocol for systematic review and network meta-análisis». *BMJ Open* 12: e064573.

YOHANA, Coletha (2023). «The trend of schistosomiasis related bladder cancer in the lake zone, Tanzania: a retrospective review over 10 years period». *Infectious Agents and Cancer* 18;10.

YOO, Won Gi (2022). «Current status of *Clonorchis sinensis* and clonorchiasis in Korea: epidemiological perspectives integrating the data from human and intermediate hosts». *Parasitology* 149 (10): 1296-1305.

# EPÍLOGO
## ¿QUÉ PODEMOS ESPERAR?

El cáncer es una de las principales causas de muerte en todos los países del mundo. En 2020, casi 10 millones de personas murieron de cáncer, cifra que se espera que aumente a 16,3 millones para 2040. Además, la incidencia de cáncer sigue creciendo, impulsada por el envejecimiento y el crecimiento de la población, y por los cambios en la prevalencia y distribución de los factores de riesgo. Por desgracia, las estimaciones apuntan a que, durante las próximas dos décadas, la cantidad de nuevos casos de cáncer aumentará más del 50 % a 30,2 millones de personas afectadas.

Sin embargo, no estamos indefensos y abocados a un final dramático. Antes de morir, el psicólogo, epistemólogo y biólogo suizo Jean Piaget dijo que el conocimiento científico está en perpetua evolución, cambia de un día para otro. Es cierto. Llegarán nuevas herramientas que ayuden a combatir el cáncer. La inmunoterapia avanzada, aplicando anticuerpos monoclonales, inhibidores de puntos de control inmunitarios, terapia de células CAR-T o vacunas contra el cáncer, es un claro ejemplo, que ofrecerá diferentes opciones terapéuticas para diversas neoplasias malignas, incluidas las hematológicas y los tumores sólidos.

Por otra parte, en los próximos años obtendremos más datos reveladores acerca del papel que juega el microbioma humano sobre el curso del cáncer y la respuesta a las terapias, aunque todavía quedan muchas preguntas pendientes. Entre ellas, ¿qué barreras importantes impedirán que los sistemas de salud prevengan y curen más cánceres, y den a las personas más tiempo con sus familias? Desde luego, los avances en el diagnóstico, así como una superior comprensión de la enfermedad, llevarán a enfoques de tratamiento mejores y más personalizados.

En este sentido, la inteligencia artificial, aplicada al campo de la atención médica, puede ser un instrumento extraordinario. De hecho, es una opción que ya carbura a toda mecha. Para muestra, un botón, el de la abaucina. La abaucina es un compuesto con actividad antibiótica eficaz contra *Acinetobacter baumannii*, una de las superbacterias identificadas por la Organización Mundial de la Salud como una «amenaza crítica» para la humanidad, y fue desarrollado con la ayuda de la inteligencia artificial.

Pues sí, de primeras y a bote pronto, la inteligencia artificial tiene buena pinta para ser adiestrada como modelo predictivo y de detección temprana, ya que podría ser empleada para analizar datos de una gran variedad de fuentes, como registros de salud electrónicos, información genética y datos ambientales, para predecir el riesgo de desarrollar cáncer de un individuo y diseñar estrategias de prevención a medida. Parece evidente que la inteligencia artificial puede impulsar nuevas aplicaciones que reduzcan los costos de detección, proporcionen tasas más elevadas de diagnósticos confiables, mejoren los pronósticos y faciliten el descubrimiento de nuevos fármacos. Solo en los Estados Unidos, en el año 2021, más de 70 aplicaciones relacionadas con la inteligencia artificial y dirigidas a diferentes especialidades y tumores recibieron la aprobación de la Administración de Alimentos y Medicamentos (FDA).

A medida que la velocidad de la innovación médica en oncología continúa a un ritmo sin precedentes, en el futuro próximo esperamos obtener una comprensión profunda de la enfermedad, de los agentes que la provocan y de los medios que son necesarios para aniquilar al enemigo. El tiempo apremia, pero estamos más cerca que ayer de conseguir el objetivo.

## 📖 PARA LEER MÁS:

CORTI, Chiara (2023). «Artificial intelligence in cancer research and precision medicine: Applications, limitations and priorities to drive transformation in the delivery of equitable and unbiased care». *Cancer Treatment Reviews* 112: 102498.

DUNN, Jeff (2023). «It Is Time to Close the Gap in Cancer Care». *JCO Global Oncology* 9: e2200429.

GARNER, Wesley (2023). «Predicting future cancer incidence by age, race, ethnicity, and sex». *Journal of Geriatric Oncology* 14: 101393.

MILLER, Mark (2023). «Emerging Trends in Cancer Prevention Agent Development». *Journal of Cancer Prevention* 28 (1): 24-28.

SIEGEL, Rebecca (2023). «Cancer statistics, 2023». *Cancer Journal for Clinicians* 73: 17-48.

# Día Mundial contra el Cáncer

El Día Mundial contra el Cáncer es una iniciativa originada en el año 2000 por la Unión Internacional para el Control del Cáncer (UICC), durante la Cumbre Mundial Contra el Cáncer para el Nuevo Milenio celebrada en París. Desde entonces, se ha convertido en un movimiento global y es celebrado, cada año, el 4 de febrero.

Al mirar hacia el futuro, el aumento previsto de los casos y muertes por cáncer, especialmente en los países de ingresos bajos y medianos, exige una respuesta urgente en iniciativas de atención, prevención e investigación del cáncer. Las razones del potencial aumento de muertes por cáncer son múltiples, e incluyen recursos financieros limitados, tanto por parte de los pacientes como de los proveedores de servicios, conocimiento deficiente sobre el cáncer, que resulta en diagnósticos erróneos, y una tasa de alfabetización sanitaria frecuentemente baja entre la población general, lo que facilita las creencias erróneas y la confianza en prácticas y tratamientos alternativos poco efectivos.

El objetivo clave de este día es prevenir millones de muertes anuales, creando conciencia, fomentando la educación sobre el cáncer, disipando mitos y conceptos engañosos, y presionando a los Gobiernos y a las personas de todo el mundo para que tomen medidas contra esta enfermedad que no conoce fronteras ni distinciones socioeconómicas.

En el año 2022 fue lanzada una campaña de tres años denominada «Por unos cuidados más justos», que se alinea directamente con los objetivos de desarrollo sostenible adoptados a nivel mundial en la Asamblea General de las Naciones Unidas de 2015, y que destaca la cuestión de la equidad, relacionada con el tratamiento desigual del paciente según quién sea y dónde viva. Una campaña de varios años significa más exposición y compromiso, más oportunidades para generar conciencia global y, en última instancia, más impacto. El Día Mundial contra el Cáncer es un foco poderoso que pretende inspirar cambios y movilizar acciones mucho después de celebrar la fecha de forma puntual.

No obstante, debemos de ser conscientes de que, sin compromiso individual y grupal, el Día Mundial contra el Cáncer carece de sentido y de fuerza. Cada uno de nosotros tiene la capacidad de marcar una diferencia, grande o pequeña, y juntos podemos lograr avances reales en la reducción del impacto global del cáncer.

No tenga dudas, el momento de actuar es ahora.

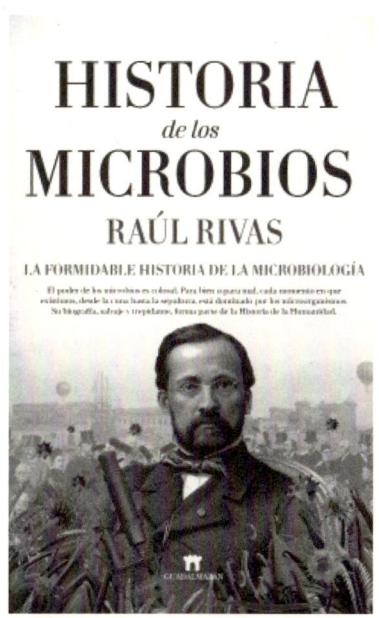

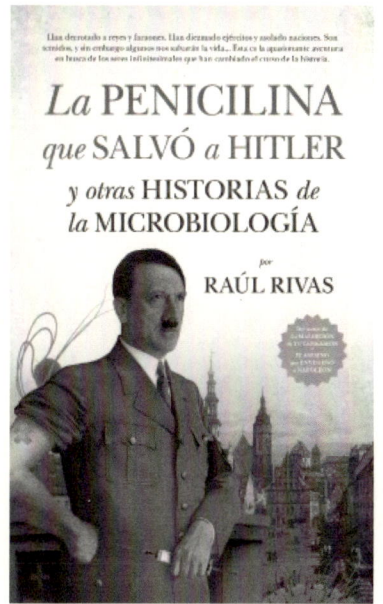

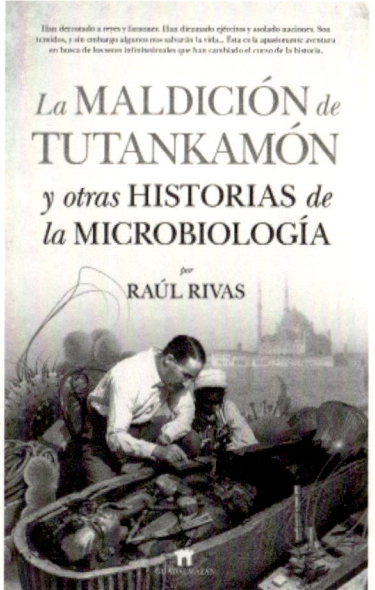